鹿鸣心理

『未成年人心理健康丛书』编委会

丛书总主编：胡　华

丛书副主编：杜　莲　屈　远

1《未成年人童年养育与心理创伤问题：专家解析与支招》

主编：瞿　伟　　副主编：冉江峰　沈世琴

2《未成年人心理发育问题：专家解析与支招》

主编：梅其霞　　副主编：尹华英　魏　华

3《未成年人心理危机问题：专家解析与支招》

主编：蒙华庆　　副主编：杨发辉　郑汉峰

4《未成年人性心理问题：专家解析与支招》

主编：罗　捷　　副主编：李晋伟　任正伽

5《未成年人行为问题：专家解析与支招》

主编：傅一笑　　副主编：杨　辉　陈　勤

6《未成年人睡眠问题：专家解析与支招》

主编：高　东　　副主编：蒋成刚　黄庆玲

7《未成年人人际关系与学业竞争问题：专家解析与支招》

主编：杨　东　　副主编：何　梅　赵淑兰

8《未成年人情绪问题：专家解析与支招》

主编：周新雨　　副主编：邱海棠　邱　田

未成年人心理健康丛书　鹿鸣心理

重庆市出版专项资金资助项目

**丛书总主编**　胡　华

**丛书副主编**　杜　莲　屈　远

# 未成年人

# 行为问题：专家解析与支招

**主编**

傅一笑

**副主编**

杨　辉　陈　勤

**编　者**（按姓氏笔画排序）

王　宇　刘　浩　刘兴兰　张坛玮　陈界衡

夏平友　唐德剑　黄　杰　黄文强　黄雪萍

梅　莉　曹媛媛　程　雪　雷　莉

重庆大学出版社

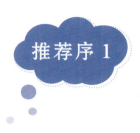

# 推荐序 1

很高兴接受重庆市心理卫生协会胡华理事长的邀请，为她及其团队撰写的“未成年人心理健康丛书”写推荐序。

记得联合国儿童基金会前执行主任亨丽埃塔·福尔曾经说过：“许多儿童满怀悲痛、创伤或焦虑。一些儿童表示，他们不知道世界会如何发展，自身的未来又将怎样。”“即便没有出现疫情大流行，很多儿童也苦于社会心理压力和心理健康问题。”世界卫生组织在 2017 年就发布了《全球加快青少年健康行动（AA-HA!）：支持国家实施工作的指导意见》，表明在全球公共卫生中重视青少年健康的时候到了。如今，未成年人心理健康问题十分严峻，未成年人的全面健康发展也是我国社会发展中的重大现实问题。

该丛书着眼于未成年人的心理健康，紧贴未成年人心理健康现状，以图文并茂的方式展现了未成年人在成长过程中容易出现的心理问题，涉及情绪、睡眠、行为、性困惑、人际关系与学业竞争等八大主题，通过真实案例改编的患儿故事，从专家的视角揭示其个体生理、家庭、学校、社会等多方面的成因，分别针对孩子、家长、学校以及社会各层面提出具体的操作策略，是一套简单实用、通俗易懂的心理学科普丛书。

孩子是社会中最脆弱、最易感、最容易受伤，也最需要关爱和呵护的群体。

全球有约 12 亿儿童青少年，且 90% 生活在中低收入国家。《全球加快青少年健康行动（AA-HA!）：支持国家实施工作的指导意见》指出：存在前所未有的机会来改善青少年的健康并更有效地应对青少年的需求。该指导意见还强调对青少年健康的投资可带来三重健康效益：青少年的现在——青少年健康即刻受益于促进有益行为以及预防、早期发现和处理问题；青少年未来的生活——帮助确立健康的生活方式以及在成年后减少发病、残疾和过早死亡；下一代人——通过在青少年期促进情感健康和健康的做法以及预防风险因素和负担，保护未来后代的健康。

生态模型的心理干预理念告诉我们：关注个体、个体生存的微观系统、宏观系统，通过改善这三个方面的不良影响，达到改善心理健康的目的。相对于需要面对为未成年人所提供社会心理照护服务的最严峻挑战而言，在促进和保护未成年人的心理健康方面所投入的科普和宣教工作更加实际和高效。相信这套由重庆市心理卫生相关机构、各个心理学领域的临床专家和学术带头人、“重庆市未成年人心理健康工作联盟”的重要成员们共同撰写、倾情奉献的“未成年人心理健康丛书”对帮助整个社会更好地正确认识和面对未成年人一些常见的心理问题以及科学培养未成年人具有重要意义。

孟 馥

中国心理卫生协会心理治疗与心理咨询专业委员会
副主任委员
兼家庭治疗学组组长
2023 年 4 月 10 日

# 推荐序 2

心理健康是全社会都应该关注的话题，特别是对于未成年人来说，它是影响其成长发展的重要因素。然而，现代社会的快节奏生活方式使许多未成年人面临精神心理问题的困扰。2021 年，“中国首个儿童青少年精神障碍流调报告”显示，在 6—16 岁的在校学生中，中国儿童青少年的精神障碍总患病率为 17.5%，这严重影响了未成年人的健康成长。为此，重庆市心理卫生协会积极推进普及未成年人心理健康知识的科普工作。同时，该协会拥有优秀的专家团队，他们积极组织编撰了本套丛书。本套丛书共八册，分别聚焦心理危机问题、情绪问题、行为问题、睡眠问题、心理发育问题、性心理问题、人际关系与学业竞争问题、童年养育与心理创伤问题等全社会关注的热点问题。

这套丛书以通俗易懂的语言和图文并茂的方式，结合实际案例，为读者提供了丰富、系统、全面的心理健康知识。每册都包含丰富的案例分析、实用的解决方案和有效的预防方法。无论您是家长、老师、医生、心理治疗师、社会工作者，还是对儿童心理健康感兴趣的读者，这套丛书都将是您实用有效的工具，也将为您提供丰富的信息和有益的建议。

因此，本套丛书的出版对提高社会大众对于未成年人心理健康问题的认识和了解具有非常重要的意义。本套丛书以八个热点问题为主题，涵盖了各个方面的未成年人心理健康问题，为广大读者提供了全面、深入、权威的知识。每册都由业内专家撰写，涵盖了最新的研究成果和实践经验，以通俗易懂的方式呈现给读者。这不仅有助于家长更好地了解孩子的内心世界，也有助于教师与专业人士更好地开展心理健康教育和治疗工作。

在这里，我代表中国心理卫生协会儿童心理卫生专业委员会，向胡华理事长及其团队表示祝贺，感谢他们的辛勤工作和付出，让本套丛书得以顺利出版。我也希望本套丛书能够得到广大读者的关注和认可，为未成年人心理健康的普及和发展做出积极的贡献。最后，我也希望未成年人心理健康能够得到更多人的关注和关心，让每一个孩子都能健康快乐地成长，为祖国的未来贡献自己的力量。

罗学荣

中国心理卫生协会儿童心理卫生专业委员会
第八届委员会主任委员
2023年4月2日

# 推荐序 3

由重庆大学出版社出版、重庆市心理卫生协会理事长胡华教授任总主编的“未成年人心理健康丛书”出版了，向该丛书的出版表示由衷的祝贺，并进行热情的推荐！

值得祝贺的是，该丛书聚焦未成年人这一特殊群体，从心理发育问题、童年养育与心理创伤问题、心理危机问题、性心理问题、行为问题、情绪问题、睡眠问题、人际关系与学业竞争问题等八个方面，全面地梳理了在未成年人群体中比较常见的各种心理问题。对广大读者来说，可以全面、系统、详细地了解未成年人成长过程中遇到的各种心理问题，从中发现解决未成年人心理问题的良策。

值得推荐的理由可以从以下几个方面呈现：（1）丛书的

结构完整：丛书的每一分册都是严格按照“案例故事—专家解析—专家支招”的结构进行撰写的。首先，列举的案例故事，呈现了未成年人的心理问题的具体表现；其次，对案例故事以专业的视角进行解释和分析，找出发生的原因和机制；最后，针对案例故事进行有针对性、策略性和可操作性的支招。（2）丛书的内容丰富：从幼龄儿童的心理发育问题、养育问题到年长儿童的各种心理行为问题、睡眠问题和人际关系问题，无一不涉猎，对未成年人群体可能出现的心理问题或障碍均有描述，而且将最常见的心理问题以单独成册的形式进行编纂。同时，信息量大但又分类清晰，易于查找。（3）丛书的文字和插图优美：丛书的案例文字描述具体、文笔细腻；专家解析理论充实，有理有据；专家支招方法准确，画龙点睛。同时加配了生动活泼、鲜艳亮丽和通文达意的插图，为本已优美的文字锦上添花。

可喜的是，本丛书有许多年轻专家的加入，展现了新一代心理卫生工作者的风范和担当，为未成年人的心理健康服务奉献了他们的智慧。

本丛书适合于广大未成年人心理卫生工作者，主要是社会工作者、学校心理老师、心理咨询师、心理治疗师和精神科医师、家长朋友和可以读懂本丛书的未成年人朋友，可以解惑，抑或助人。

**杜亚松**

上海交通大学医学院附属精神卫生中心
教授、博士生导师
2023 年 3 月 26 日，上海

# 丛书序言

未成年人是祖国的未来，他们的心理健康教育，事关民族的发展与未来，是教育成败的关键。2020年10月17日，第十三届全国人民代表大会常务委员会第二十二次会议第二次修订《中华人民共和国未成年人保护法》，自2021年6月1日起施行。2021年，重庆市主动作为、创新思考，由市委宣传部、市文明办联合政法、教育、财政、民政、卫健委、团委、妇联、关工委等13个部门发起成立了“重庆市未成年人心理健康工作联盟”。重庆市心理卫生协会有幸作为联盟成员单位参与其中。我个人一直从事与儿童青少年精神心理健康相关的临床、教学和科研工作，并借重庆市心理卫生协会这个学术平台已成功举办了五届妇女儿童青少年婚姻家庭心理健康高峰论坛、各种相关的专业培训班及非专业人士的公益课堂。重庆市心理卫生协会作为一个专业性、公益性的学术组织，一直努力推进大众心理健康科普工作，连续多年获上级主管部门重庆市科协年度工作考核“特等奖”。同时协会拥有优秀的专家团队，积极参与策划和落实这套丛书的编撰，是编著丛书最重要的支持力量。我希望通过这套图文并茂的丛书能够促进普通大众对未成年人心理健康知识有更多的了解。

在临床工作中，我们时常看到这样一些现象：孩子在家天天玩游戏，父母却无可奈何；父母希望靠近孩子，但孩子总是保持距离；父母觉得为孩子付出很多，但孩子感到自己没有被看见、没有被尊重；个别中小学生拉帮结伙，一起欺辱班上的某个同学，导致这个被欺负的学生恐惧学校；也有些学生一次考试成绩失利就厌学逃学；而有些孩子被批评几句后就出现自残、轻生行为……我们越来越多地看见未成年人出现各种各样的心理问题，甚至是严重的精神障碍。面对这些问题时，很多父母非常无助，难以应对，要么充满自责和无奈，要么互相埋怨指责。也有父母不以为意，简单地认为是孩子的“青春期叛逆”。学校和老师则有时过于紧张不安、小心翼翼，不敢轻易接受他们上学或复学，让一些孩子在回到学校参与正常的学习上又多了一些困难。而社会层面也有很多不理解的声音，对这些未成年孩子的情绪反应和行为方式不是去理解和帮助，反而是批判和排斥。

实际上，未成年孩子在生理、心理上具有自身突出的特点，相对于成人，他们处于不稳定、不成熟的状态，他们的世界观、人生观、价值观等思想体系正处在形成阶段。这个时期的孩子非常需要家庭、学校、社会等多方面给予特别的关心、爱护、引导与帮助。来自周围的对他们的一些观念、态度的转变，可能看起来非常微小，却往往成为点亮他们生活的一束光，可能帮助他们驱散内心的一点阴霾，更好地度过这段人生旅程，走向下一个成长阶段。

本套丛书共八本书（分册），分别聚焦未成年人的心理危机问题、情绪问题、行为问题、睡眠问题、心理发育问题、性心理问题、人际关系与学业竞争问题、童年养育与心理创伤问题等主题。丛书各分册的主编与副主编均是重庆市心理卫生协会理事会的骨干专家，具有丰富的心理学知识或者临床经验。由于未成年人的各个生命发展阶段又呈现出不同的心理特点，因此本套丛书也强调尽量涵盖现代社会中不同年龄段未成年人所面临的具有代表性的心理问题。

本丛书的每个分册都具有统一的架构，即以案例为导向的专业分析和建议。这些案例都源自作者专业工作中的真实案例，但同时为了保护来访者隐私，强调了对其个人信息的伦理处理。如有雷同，纯属巧合，请读者不要对号入座。为了使案例更加具有代表性，也可能会结合多个案例的特点来阐述。为了给大家更加直接的帮助，每个案例都会有专业的解读分析，及延伸到具体的解决方法和建议。书中个案不少来自临床，医务人员可能给予了适当的药物处理和建议，请读者不要擅自使用药物。如有严重的相关问题，请务必到正规的专业医院进行诊治。希望通过本丛书深入浅出的讲解，帮助未成年孩子的父母、学校老师以及未成年人自己去解决教育和成长中面临的困惑，找到具有可操作性的应对方案。而这些仅代表作者个人观点，难免有主观、疏漏，甚至不够精准之处，欢迎读者提出宝贵意见和建议，以便有机会再版时可以被更正，我们将不胜感激！

在本丛书的编写过程中，我真诚地感谢重庆大学出版社的敬京女士，她是我多年的好友，当我有组织这套丛书的设想时，与她一拍即合，感谢她一路的积极参与和支持，以及她身后的出版社领导和各部门的专业帮助，还有插画师李依轩、辛晨的贡献。因为有他们的帮助和支持，本丛书才能顺利完成。同时，我真诚地感谢重庆市心理卫生协会党支部书记胡晓林、重庆市心理卫生协会名誉理事长蒙华庆及重庆市心理卫生协会常务理事会的成员们，在 2021 年 9 月常务理事会上对丛书编写这一提案的积极支持和鼓励。我要真诚地感谢重庆医科大学附属第一医院心理卫生中心的同事，重庆市心理卫生协会的秘书长杜莲副教授，以及副秘书长屈远博士，在组织编撰、写作框架、样章撰写与修改、篇章内容把控、文章审校等方面的共创和协助。我还要感谢重庆市心理卫生协会常务理事、重庆市心理卫生协会睡眠医学专委会主任委员、重庆市第五人民医院睡眠心理科高东主任和重庆市心理卫生协会理事、重庆市第五人民医院睡眠心理科黄庆玲副主任医师对样章撰写的贡献！

我要感谢所有参与丛书编写的各分册主编、副主编及编委会专家和作者的辛苦付出！没有你们，这套丛书不可能面市。

我还要感谢重庆市委宣传部未成年人工作处李恬处长的支持和鼓励，并把这套丛书的编写纳入“重庆市未成年人心理健康工作联盟”2022 年的工作计划中。

最后，我要感谢在丛书出版前，给予积极支持的全国儿童青少年心理与精神卫生领域的知名专家，如撰写推荐序的孟馥教授、罗学荣教授、杜亚松教授，撰写推荐语的赵旭东教授、童俊教授和夏倩教授，以及家庭教育研究者刘称莲女士。

健康的心理造就健康的人生，我们的社会需要培养德智体美劳全面发展的社会主义接班人！我们的社会和家庭需要我们的孩子成长为正如“重庆市未成年人心理健康工作联盟”所倡导的“善良、坚强、勇敢”的人。为此，面对特殊身心发展时期的孩子，我们需要在关心他们身体健康的同时，更加积极地关注他们的心理健康状况，切实了解他们的心理需求和困难，才能找到解决问题的正确方法，才能让孩子在参与和谐人际关系构建的同时实现身心的健康成长和学业进步。

虽然未成年人的心理健康发展之路任重而道远，但我们依然砥砺前行！

**胡　华**

重庆市心理卫生协会理事长

# 作者序言

受邀写序的时候，心想要放下临床的思维和学术的框架，走到读者身边。但又一转念，我们写这本书正是希望让读者对创作背景到疾病问题，再到解决方法有个系统认识，因此有必要先来呈现一下儿童青少年心理问题（尤其是行为障碍）相关的数据，同时解释下什么是行为问题，再敲一敲警钟，聊一聊危害性，谈一谈必要性。

儿童青少年(以下简称“儿少”)时期是身心发育的关键时期。心理健康对于其未来形成健全人格至关重要。我国的精神卫生工作规划，历来都把儿少列为重点人群。《健康中国行动(2019—2030年）》《中国儿童发展纲要（2021—2030年）》都对儿少心理健康工作提出了相关要求。

然而，在世界范围内有10%～20%的儿少存在心理健康问题。我国6—16岁学龄儿少群体精神障碍患病率为17.5%，高于全球多数国家。其中男童患病率高于女童，特别是注意缺陷多动障碍、品行障碍、对立违抗障碍等行为问题，同时女童中抑郁、心境不良和强迫障碍患病率在青春期较高。

可以看出，情绪与行为仍然是儿少时期的主要问题，行为问题通常是指超过了社会规范所允许的相应年龄正常儿童持续时间和严重程度的异常行为，儿少群体认知、思维和情绪都处在发展之中，冲突和波动性易以外化的行为予以表现，比如，进食、成瘾、强迫、冲动、撒谎、偷窃、拔毛、反社会、对立违抗行为等，尤其当新型冠状病毒肺炎（COVID-19）在全世界流行的时代背景下，儿童青少年对自然和未来的认知更易受到不确定性的影响，其日常生活、学习、运动均受波及。

行为障碍逐年攀升，很有必要对其关注并展开探讨，遗憾的是，国内专门针对儿少行为问题的科普读物较少。许多相关领域的工作者、社会大众在面临儿少异常行为时感到困惑，而且行为问题只是最表面的表达、最终极的外化，里面藏着风起云涌的情绪、想法、冲突、愿望和回避企图，倘若我们没有面对“孩子行为问题”时抽丝剥茧的勇气和能力，会错过理解和欣赏孩子的机会和可能。

基于此，我们经过主题的敲定、案例的寻找、架构的讨论等过程，再通过线上线下会议反复讨论、校对、商量，经过多位专家的不懈努力，最终我们分享了20个小故事，“与仙女作伴”呈现的是行为背后的情感冲突和面对父母争吵的无奈回避；“心痛到无法呼吸”提醒父母的担心也会成为孩子的恐惧；“沉默的花朵”是对缺爱、缺表达的呐喊；“美食大作战”是依恋关系无法建构后对外界好奇的变形的尝试；“食不知味”“不可抗拒的欲望”和“午夜食堂”虽然讲的是饮食行为，但背后是孩子对自己的不认可，对完美的极致追求和对满足感的强烈渴望；“爱啃指甲的胡小妞”中啃指甲的行为透露出孩子烦躁、慌乱和不安的内心；“完美小姐养成记”叙述着孩子通过自己的方式来获得安全感和控制感；“王者归来”“白色诱惑”“赌圣”表面或是“网瘾”“毒瘾”“赌瘾”，但背后是对现实的逃避和对感受的追求；“请相信我”和“手的欲望”虽然描述的是我们都觉得是“坏行为”的说谎和偷窃，但也有孩子想被关注、害怕受惩罚、渴望获得，以及对现实和想象边界的模

糊的理解；“风云变幻的小罗”“无法管教的顽童”“神奇毫毛”“管不住先生”和“麻烦不断王子”的主角虽然呈现的是一个个的麻烦，但麻烦背后的情绪、惯性和可以改变的可能也需要被看到；与之相对应的，“寄人篱下的灰姑娘”中的那个女孩，并不是麻烦，甚至还很乖巧，但渴望被爱和委曲求全的冲突也同样强烈。在某种程度上，行为问题不能简单地以“好”和“坏”的标准粗暴地判断，呼唤我们从客观的、柔软的、深入的、温暖的视角去理解。

这20个小节，各自为独立主题，从鲜活故事引入，层层深入，到专家支招，颠覆了传统说教式的科普，希望能不知不觉间拉近公众与儿少行为障碍的距离。

你会饶有兴趣地一页页翻看，并在阅读中感受到创作者的愿景。一方面，本书希望帮助儿少相关领域的广大工作者，从中得到专业的帮助；另一方面，本书希望向公众揭开儿少行为障碍的面纱，传播关爱儿少心理健康的理念，让这群孩子“童”心绽放，从医院走到大众视野之下；最后，希望能借此方式提供综合参考，促进儿少工作的开展，以此回应本丛书的创作初心：医院、家庭以及校园的联盟对儿少身心健康发展的关注、重视和推广。

感谢本书的一众创作者们，有来自重庆市第十一人民医院的黄杰医生、王宇医生、梅莉医生、雷莉医生、唐德剑心理治疗师，重庆市精神卫生中心的刘浩医生、黄雪萍医生、刘兴兰医生、程雪医生，永川精神卫生中心的夏平友医生；江北区中医院的黄文强医生，张坛玮、陈界衡是重庆医科大学的应用心理学在职研究生，曹媛媛是重庆医科大学附一院的护师，他们在工作中的留心、标记、提炼，从勾勒框架思路，再到丰富和改写，最终形成完整的体系。

感谢两位副主编，陈勤医生和杨辉医生，从初稿的诞生、改稿的折腾到定稿的确认，付出了你们大量的时间、精力、经验和汗水。

感谢每一位选择这本书的读者，这里的每一个故事，都有某个家庭的伤口印记、某个孩子的漫长黑夜、某个医生的用心治疗。

这本书的面世，并非一个结束，而是一个开始，期待着您打开这本书，不带偏见地阅读每一个行为，带着包容的心予以接纳，带着好奇的心加以理解，并且透过各式各样的行为“问

题”，看到每个行为背后的意义、功能和呼唤，看到每个个体或者系统的需求、冲突和智慧。

是为序。

傅一笑

2022 年 10 月

# 目 录

CONTENTS

1 / 第1节 与“仙女”作伴 黄 杰 陈 勤

8 / 第2节 心痛到无法呼吸 王 宇 陈 勤

17 / 第3节 沉默的“花朵” 王 宇 陈 勤

25 / 第4节 美食大作战 梅 莉 陈 勤

32 / 第5节 食不知味 梅 莉 陈 勤

41 / 第6节 不可抗拒的欲望 雷 莉 陈 勤

50 / 第7节 午夜食堂 雷 莉 陈 勤

60 / 第8节 爱啃指甲的胡小妞 刘 浩 杨 辉

68 / 第9节 “完美小姐”养成记 黄雪萍 杨 辉

77 / 第10节 “王者归来” 黄雪萍 杨 辉

86 / 第 11 节 白色诱惑 刘 浩　杨 辉

96 / 第 12 节 “请相信我” 刘兴兰　杨 辉

105 / 第 13 节 手的欲望 程 雪　杨 辉

114 / 第 14 节 “风云变幻”的小罗 夏平友

122 / 第 15 节 无法管教的“顽童” 张坛玮

131 / 第 16 节 “神奇毫毛” 陈界衡

139 / 第 17 节 “赌圣” 唐德剑

147 / 第 18 节 管不住先生 黄文强

154 / 第 19 节 麻烦不断王子 黄文强　傅一笑

162 / 第 20 节 寄人篱下的灰姑娘 曹媛媛

第 1 节

# 与“仙女”作伴

黄 杰 陈 勤

## 案例故事

小易今年 15 岁，目前是某市重点中学的初三学生。在旁人看来，小易拥有一个令人羡慕的家庭，她的母亲是中学老师，父亲是公司高层管理人员。然而从小易记事起，她的父母就一直感情不和，时常会在家里当着小易的面争吵甚至打架。父母吵完架后，常常因为互相赌气而对小易不管不顾，或者把小易当成他们的出气筒，只要小易犯了一些小小的错误，就对小易严加责骂甚至拳脚相加。那时的小易不知道家里发生了什么，小小年纪的她常常认为是自己做了错事，所以才惹得父母不高兴。因此，小易常常严格要求自己，什么事情都要做到最好，要得到周围所有人的认可，要成为父母的骄傲。她认为只有这样才能讨好父母，才能让父母都不再生气，让温暖重新回到家中。然而，这样的成长环境却时常让小易感到一种难以名状的无助及孤独。每当看到周围小朋友家其乐融融的样子，小易多么希望自己家也是这样。然而，面对理想与现实的差距，小易只能对自己要求越来越严格，希望以此让父母高兴，让父母多关心自己一点，多和自己说说话。

因此，在家人与外人眼中，小易一直都是一个听话、懂事、成绩优秀的孩子。她自幼就被父母寄予了较高的期望，希望她能够好好学习，将来考上一个好大学。随着中学学业压力的逐渐增大，小易的成绩有所下降，这让她感到焦虑。为此，她更加努力地学习，但成绩提升却不明显。当她努力的结果达不到父母的期望时，父母常常给予她的是指责与批评而非理解与支持。

小易是个性格开朗、情感丰富、富于幻想、喜欢动漫的孩子。她中学成绩中等，语文很好，喜欢看书，写的作文经常被视为范文，但理科成绩不太理想，她一直不太喜欢学数学，数学成绩比较糟糕。进入初三后，小易期望自己能够考入当地一所重点高中，但小易的成绩与这所高中往年的录取分数差距较大。这段时间，小易的父母也陷入了经常争执的状态。有一次，母亲在与父亲争吵后悄悄告知小易，父母可能会在她中考后离婚。

小易听后有些不知所措，这一刻，她仿佛再次回到了小时候看着父母吵架，自己却无能为力，只能在旁边默默抹泪的场景。小易想，是否又是因为自己的学习成绩不好而再次让父母起了争执，这些争执不断地发酵，让父母最终走到要离婚的地步。现在的她好像又成了那个小时候的自己，那么地孤单，那么地无助，无力改变目前的状况。

在这之后，小易的父母逐渐发现小易会出现一些怪异的行为，言谈举止都和平时大相径庭。比如，有时，她突然称自己为“阿里卡仙女”，宣称自己有超然的能力，能把所有的数学题都做对，这个时候小易就会兴高采烈地去做题，大约半个小时后恢复正常；有时，小易会突然称自己是“欧克利仙女”，这是个脾气暴躁的仙女，这个时候小易就会出现砸东西、撕本子的行为，也是大约半个小时后恢复；有时，小易又会突然称自己是“阿斯兰仙女”，这是一个特别会唱歌的仙女，这个时候小易就会唱歌，但不断更换歌曲，无法唱完一整曲，同样是大约半个小时后恢复。小易事后还能告知家长自己当时变成了哪个仙女，对当时的行为也能进行部分的回忆。

小易的父母刚开始以为小易的这些行为是因为不想读书，

不想听话或者是想要吸引家长注意而假装出来的，因此对待小易的方式不是关心，而是严厉的责骂，想要以此来规范小易的行为。然而，小易的父母渐渐发现，他们的指责并没有让小易这些怪异的行为减少，反而增加了这些行为的发作频率以及发作持续时间，对小易的学习和日常生活造成的影响也越来越大。老师也向家长反映，小易在学校每次考试成绩不理想时都会出现上述表现。逐渐意识到异常的父母带着小易到医院做了很多检查，如头部 CT、头部 MRI、脑电图、甲状腺功能检测等，但均未发现存在明显异常。在医生的建议下，父母带小易去了医院的临床心理科就诊。通过问诊、实验室检查、心理测评等综合检测，心理科医生考虑小易可能患有“分离障碍”。在医生的指导下，小易的父母逐渐意识到自己在教育孩子过程中的不妥之处，明白了这些不妥的教育方式可能对小易这样一个敏感的孩子产生的影响。之后，小易的父母开始学习改变自己的一些行为习惯，并且努力地为小易营造一个和谐、稳定、温馨的家庭环境。而小易也在心理医生的专业指导下，服用了一些帮助改善焦虑及抑郁情绪的药物，并且进行了长期且系统性的专业心理治疗（包括个体治疗及家庭治疗）。在个体治疗中，小易学会了接受自己各种冲突的情感并与之共存。在家庭治疗中，小易与父母慢慢学会了一种新的家庭相处模式。在两个多月的规范化治疗后，小易上述怪异的行为逐渐减少，生活与学习也逐渐步入正轨。

## 专家解析

案例故事中的小易是一个心思细腻、富有想象力且自我要求高的女孩子。在初三这个特殊的时间段，小易既面临升学压力，同时又面临父母婚姻破裂的心理困惑，以及从小家庭不和给小易带来的心理创伤（如情感忽略，躯体忽略，甚至包括一些躯体虐待等），这些都让小易不知道如何来面对这个现实世界。面对这些困境，小易无意识地在意识中发展出各种各样的“仙女”，来帮助自己调节情绪，处理自己所面临的困难，让自己得以逃避现实生活中的各种冲突。但是，这些不断出现的“仙女”也给她带来了新的困境，对她的生活与学习都造成了新的影响。

案例故事中小易会突然转变成各种仙女的表现符合分离

障碍的症状表现。分离障碍原名歇斯底里症，又称癔症。有心理学家认为，分离障碍的产生是由于创伤事件、重大疾病和疲劳等相关因素导致个体的整合功能减退，使得构成人格的思维和功能系统产生分离，而这个分离的过程是遭受创伤的个体用以应对痛苦感受的防御机制。需要注意的是，小易的症状需要与多重人格障碍相区分。在本案例故事中，小易身份转换的持续时间较短，多为半小时左右，且事后对相关情形能够部分回忆。多重人格障碍则是两个及以上相对持久且互不联系的身份或人格交替出现控制个体的行为，并且个体之后对其他人格中的重要事件往往不能回忆，这种记忆的缺失也无法通过遗忘进行解释。

## 专家支招

一个温暖、稳定、和谐、包容的家庭环境对于孩子的成长是十分重要的，同时，这些方面也对分离障碍的预防、治疗及预后起着重要的作用。作为家长，在平时应以诚恳、和蔼的态度对待孩子。要学会帮助孩子舒缓其面临的压力，不要把自己在婚姻上遇到的问题及压力传递给孩子。要学会消除孩子的不安情绪，鼓励孩子勇敢地表达自己内心的紧张不安及冲突。要耐心地与孩子进行真实一致的沟通，接受孩子的各个方面，与孩子一起努力，探讨出适合孩子综合能力的目标。

对于小易，要意识到自己内心的冲突，学会主动表达，学会自我调节及自我放松，尝试自主应对生活中的各种困境，制定适合自己的目标。

对于分离障碍的治疗，通常以心理治疗为主。常见的心理治疗有认知行为疗法（CBT）、自知力疗法、辩证行为疗法、催眠疗法、眼动脱敏再加工疗法等，同时也可以结合这些疗法进行整合式治疗。而对于一些伴有焦虑、抑郁情绪或睡眠障碍的患者，可以在专业医师的指导下适当用一些抗焦虑、抑郁药物及镇静催眠药物进行辅助治疗。

## 第 2 节
# 心痛到无法呼吸

王　宇　　陈　勤

### 案例故事

小曲是一名 16 岁男孩，目前就读于当地一所区重点中学。小曲不仅学习成绩优秀，身体也特别棒，经常参加学校的各种体育活动，也取得了一些名次。在小曲很小的时候，父母就对他期望很高，并对他说："你是一名学生，学习就是你最重要的事情，其他的事情都不用管，交给我们就好……"小曲一直非常努力，在学习上从未让父母失望，成绩总是排在班上前三名。在亲戚和朋友眼里，小曲属于"别人家的孩子"，是那种特别优秀的学生。因为小曲一心学习，所以对很多生活上的事情都不太了解。父母对小曲的身体也特别关心，每当小曲身体有什么不舒服，父母都会特别紧张，带小曲到医院看病检查，这是因为，小曲妈妈这边有心脏病家族史，小曲的外公就是因为患心脏病去世的，小曲的舅舅也患有冠心病。父母担心小曲有心理负担，因此从未将这些事情告诉小曲。

半年前，和小曲关系特别好的舅舅因突发心肌梗死离世。在舅舅生病住院期间，小曲和父母一起去医院探望了舅舅。看到舅舅痛苦的表情，小曲感到非常害怕，私下也听到大人们议

论舅舅生病有多么可怜，得这种病会有多么痛苦，同时了解到母亲这边有心脏病家族史，外公也是因为心脏疾病去世的。因此，小曲开始关注甚至担心自己的身体健康状况。

参加完舅舅的葬礼之后，小曲开始出现阵发性心慌、胸闷，每天都会不定时感到难受，严重时甚至出现明显的胸部疼痛、呼吸急促，感到喘不过气来，就像小曲自己所说的“心痛到无法呼吸”。渐渐地，小曲开始怀疑自己可能得了“心脏病”，每天都会关注自己的身体，感到紧张、担心，甚至开始害怕上学，害怕和朋友一起出去玩，不敢参加任何运动，总是担心自己会突然死掉。后来，小曲越来越焦虑，他心情低落，做什么事情都提不起兴趣。与此同时，他的记忆力下降，注意力不能集中，成绩也明显下降。因为成绩下降，父母追问小曲最近是不是遇到什么问题，小曲这才说出了自己的情况。父母知道后，也很担心小曲的身体健康，害怕小曲的心脏出现问题，于是带他到所在区最好的医院做各种检查，包括胸片、心电图、心脏彩超、心肌酶谱等，结果所有检查结果都显示没有问题。医生告诉父母，小曲没有心脏疾病，让他们不必担心，但小曲还是反复出现心慌、胸闷、胸痛、呼吸困难等症状。父母不太相信区医院的检查结果，于是又带小曲到更大的医院去做更多的检查，但检查结果还是显示没有问题，父母这下也不知道该怎么办了。家里的老人一度怀疑小曲是不是因为被“脏东西”影响了才变成这样，于是请了当地最有名的“半仙”，为小曲“施法”“画符”来驱除“脏东西”。结果，这些方法仍没有让小曲好起来，还让小曲的症状持续加重了。

直到最近，小曲父母的一位好朋友了解了事情的经过。父母的这位好朋友是一名心理学老师，她敏锐地发现小曲目前可能存在心理问题，于是建议父母带孩子到医院心理科看看。小曲父母虽然并不相信自己的孩子有心理问题，但在没有其他更好办法的情况下，还是持怀疑的态度带小曲去了精神专科医院心理科就诊。医生仔细地询问了小曲目前的情况，看了小曲之前的检查结果，同时做了心理方面的测试评估，考虑小曲患上了躯体症状障碍，同时还有明显的焦虑情绪和轻微的抑郁情绪，建议小曲服用治疗焦虑、抑郁的药物并进行心理治疗。心理治疗师以认知行为疗法为基础，为小曲制定了个体化的治疗方案。

经过一段时间的心理治疗，小曲逐渐认识到自己过度关注身体健康，越是关注，身体就越会感到难受，就是因为担心自己得了心脏病，害怕猝死，才会感到焦虑和心情低落，什么事情都不敢做，也不想做。当自己的注意力放在其他事情上时，身体的不适感就会减轻。心理治疗师也和父母做了深入的交流，详细介绍了躯体症状障碍的症状表现以及家长需要注意的事项。小曲的父母表示了解，并决定配合心理治疗师一起帮助小曲恢复。与此同时，小曲也进行了药物治疗。一月后，小曲明显感觉到自己的情绪不那么焦虑和低落了，心慌、胸闷、呼吸困难等症状也在逐渐减轻。最后，小曲的症状完全消失了，他能够正常生活、学习和参加各种活动。小曲慢慢回到了原来的生活轨道，变得更加努力学习和热爱生活。

## 专家解析

在案例故事中，因为小曲的母亲有心脏病家族史，父母从小就非常担心小曲的身体健康，这让小曲对自己的身体反应变得更加敏感，稍有不适就会感到紧张、担心。在舅舅因心肌梗死去世之前，小曲的生活并没有受到太大影响，能够积极参加各种运动，还取得了一些名次。又因为父母让小曲从小认真读书，其他事情都不用管，因此小曲对生活常识不太了解，对生、老、病、死等一些人生经历缺乏基本的理解。这次目睹了亲人发病时痛苦的表现，听到了关于心脏病家族史的事情，小曲对亲人突然去世产生了过度的恐惧。这些负面情绪没有得到及时且合理的疏导，使得他将亲人突发疾病到死亡的经历联系到自己的身上，当身体稍有不适就会过度关注，放大这些症状，产生了焦虑、抑郁情绪，甚至害怕自己因为同样的疾病而死亡，影响了自己的生活、学习和人际交往。小曲的表现符合躯体症状障碍症状诊断标准。

《精神疾病诊断与统计手册》（第 5 版）（DSM-5）中对躯体症状障碍的诊断标准为：A. 一个或多个的躯体症状，使个体感到痛苦或导致其日常生活受到显著破坏。B. 与躯体症状相关的过度想法、感觉或行为，或与健康相关的过度担心，表现为下列至少一项：1. 与个体症状严重性不相称的和持续的想法；2. 有关健康或症状的持续高水平的焦虑；3. 投入过多的时间和精力到这些症状或者健康的担心上。C. 虽然任何一个躯体症状可能不会持续存在，但有症状的状态是持续存在的（通常超过 6 个月）。

简单来说，这是一种精神心理疾病。当患者有一个或者多个躯体症状时，会产生对这些躯体症状的过度担心，出现过度的情绪反应，即使各种检查结果显示正常，他们仍会高度怀疑甚至坚信自己患上某种疾病，存在着显著的痛苦，并严重扰乱日常生活、学习工作、人际交往等。

在儿童中，最常见的症状是反复发作的腹痛、头痛、疲乏和恶心。儿童比成年人更多呈现一种单一的主要症状。幼儿可能有躯体主诉，但与青少年相比，他们很少主诉“疾病”。父母对症状的反应很重要，因为这可能决定有关的痛苦水平，并且应该由父母来决定对症状的解释、有关的离校安排和寻求医疗帮助。

## 专家支招

学习对孩子来说固然重要，但家长也不应忘记让孩子在适当的年龄了解相关的生活常识、风俗习惯等，给孩子营造一个既安全又有适当挫折的生活环境。对于家族里面的特殊情况或者生活中的特殊事件（比如案例故事中存在的心脏病家族史和亲人因疾病过世的生活事件），当孩子有能力接受这些信息时，家长不应该回避孩子，应积极做出正确合理的解释，让孩子正确认识死亡，不要过分夸大疾病，应以诚恳、和蔼的态度对待孩子。当孩子因生活事件出现情绪反应和身体不适时，父母应积极关注，给予关心、安慰和鼓励，不应表现得过度紧张，而应帮助孩子认识问题的本质，从而减少孩子的负面情绪和身体的不适感。如果孩子长时间躯体症状明显，相关检查都没有问题，但感到痛苦，严重影响日常生活各方面时，就要考虑孩子可能患有躯体症状障碍。当父母的解释和安慰对孩子来说都没有效果时，建议尽快带孩子到医院心理科就诊，积极治疗。

躯体症状障碍的治疗，特别是对于躯体症状障碍患儿，应该要从建立好的关系开始，因为患儿往往经历了不少挫折，不愿意暴露自己内心的真实想法。如果只是在意患儿的躯体症状，以此为线索来处理问题，可能多数不能成功走进患儿的内心。具体治疗方法包括：

**1. 心理治疗。**心理治疗是躯体症状障碍治疗的一个重要部分。治疗初期需要处理患者对心理治疗的被动和负面态度。可以采用具有循证证据的心理治疗方法，如认知行为治疗、精神动力学治疗、催眠治疗等。

**2. 物理治疗。**物理治疗方法包括脑电生物反馈治疗、经颅磁刺激治疗等，可以有效改善患者焦虑、抑郁等负性情绪，同时可以提高患者的睡眠质量。

**3. 药物治疗。**目前尚无针对躯体症状障碍的特异性药物，如有明显焦虑和抑郁情绪，在医生指导下可使用抗焦虑、抗抑郁等药物进行治疗，包括选择性 5- 羟色胺再摄取抑制剂（如帕罗西汀、氟西汀、舍曲林、艾司西酞普兰、氟伏沙明等）、5- 羟色胺和去甲肾上腺素再摄取抑制剂（如度洛西汀、文拉法辛、米那普仑等）和其他新型抗抑郁药（如安非他酮、米氮片、曲唑酮、阿戈美拉汀、瑞波西汀等）。通过服用药物，患者的焦虑、抑郁、紧张等情绪可以得到缓解，同时，躯体症状、认知功能等也会有所改善。

## 第 3 节

# 沉默的“花朵”

王 宇　陈 勤

## 案例故事

花花从小生活在一个普通的家庭中，父母一起经营小本生意，家庭经济条件一般。花花的父亲性格特别强势，有明显的大男子主义思想，也有重男轻女的封建思想。母亲从小出生在农村，思想传统，文化程度不高，性格软弱，结婚后和丈夫一起在县城经营一家小面馆。从花花记事起，她就经常听到父亲责备母亲，抱怨母亲生不了男孩。父亲也经常忽略花花的存在，怪她不是一个男孩。后来妈妈因为“多囊卵巢”不能生育后，父亲的脾气变得更加暴躁，经常喝酒、赌博，喝醉了就打骂母亲。母亲有时候实在无法忍受，也会和父亲争吵，但最后受伤的一定是自己。花花经常看到母亲一个人在房间落泪，但自己却不知道该怎么办，有时候还会觉得父母是因为自己的问题才经常吵架。逐渐地，花花的性格变得胆小、敏感和孤僻，也没有什么好朋友。

上小学一年级后，花花接触了更多的同龄人，其他小朋友的热情让她变得稍微开朗了一些，她也逐渐有了几个好伙伴。但在最近，花花突然变得奇怪起来，在学校不说话，课间也不和同学说话，上课让她回答问题，她只能小声地发出“嗯”“啊”的声音，到最后一个字都说不出来。老师怀疑花花是不是得了什么病，于是打电话给花花母亲，建议她带花花去医院看看。母亲因为早出晚归，一直没有发现花花的这个问题，回忆后才发现这段时间都没有听到花花说话了。母亲想，虽然平时花花性格内向话也少，但不至于说不出话来，她试探性地问花花想吃什么，想不想去外婆家玩，花花都是以“嗯”“啊”或者摇头、点头来回应。一到外面，花花就会沉默不语，别人怎么问，她都不回答，甚至会躲得远远的。不管母亲如何询问，亦或是斥责她为什么不说话，花花仍是一言不发，有时还会表现出害怕。母亲既生气又感到愧疚，因为她好长时间都没有陪花花，带花花出去玩了。

为了找到原因，母亲后来带花花到当地医院的耳鼻喉科做检查。医生检查后没有发现任何问题，考虑花花可能有心理方面的问题，建议家长带孩子到医院心理科看一下。心理科医生在询问花花的具体情况，看了相关的检查结果后，对花花母亲说：“目前考虑孩子存在心理问题，但我需要进一步了解你们的家庭情况，以及最近有没有发生什么重大的事情？”母亲向医生详细介绍了花花的成长经历，也向医生透露了一件重要的事情。母亲说：“就在两个多月前，我和丈夫离了婚，当时为了不影响孩子，就一直没有告诉她，只说爸爸去外面打工了，到现在花花应该都不知道吧。”医生了解整体情况后，诊断花花患上了选择性缄默症，便安排了一位擅长“沙盘治疗”和“绘画治疗”的年轻女心理治疗师为花花做心理治疗。这位经验丰富且有爱心的心理治疗师把花花当作一朵沉默的“花朵”，经过心理治疗师一段时间的努力，“花朵”终于开始绽放，花花逐渐打开心扉，在治疗室能够说话了。她告诉心理治疗师，其实自己在一个多月前就知道了父母离婚的事，当时很长时间没有看到父亲，觉得很奇怪，听母亲说父亲外出打工去了，可是后来自己在抽屉找东西的时候看到了离婚证。花花说当时自己十分难过，觉得父母是因为自己离了婚。花花也不敢找母亲证实，只能告诉学校的好伙伴。可不知道为什么，这件事被班上几个她讨厌的同学知道了，那些同学就经常嘲笑花花是没有爸爸的“野孩子”，后来花花就感觉自己说不出话来了……心理治疗师在对花花进行心理治疗的同时，也和母亲做了沟通，对心理疾病做了相关介绍。母亲认识到，自己在教育孩子的过程中存在问题，承诺用更多的时间陪伴花花。她和花花说了离婚的原因和整件事的经过，并告诉花花：“即使爸爸妈妈离了婚，也永远是你的爸爸妈妈，也会永远爱你，将来妈妈打算……”后来，心理治疗师和花花一起探讨了花花的担心，对和家人、同学的相处也给了很好的建议。通过积极的心理治疗，花花又能说话了，能正常上学并和同学交流，人也变得开朗起来。

## 专家解析

案例故事中的花花出生在一个充满争吵、打骂的家庭环境中，她得不到父亲的关心和肯定，从小缺少父爱，而母亲因为忙碌也无法给予她更多的关爱。对于没有独立生活能力、完全依赖父母的花花，在这样的环境中会很容易情绪紧张。长期处在这种情绪中，又缺少温暖和关爱，花花的性格变得内向、敏感、胆怯和孤僻，同时也影响她与同龄朋友交往。上小学的花花原本因为接触到更多的同龄人，逐渐打开心扉、结交朋友，一切慢慢往好的方向发展。但是，父母离婚时没有及时有效地和花花沟通，而花花在意外情况下发现了这件事，当时她不知所措，并感到自责、愧疚和痛苦；花花本想和好伙伴倾诉，却遭到班上调皮孩子的嘲笑；学校老师也没有了解到花花的情况并及时给予帮助。因此，花花紧紧地关上了与外界交流的大门，在家还能通过简单的回应和母亲沟通，到了如学校之类的外面的场所便沉默不语，甚至感到害怕。

《精神障碍诊断与统计手册》（第5版）（DSM-5）中对选择性缄默症的诊断标准为：A. 在被期待讲话的特定社交情况（例如，在学校）下持续地不能讲话，尽管在其他情况下能够说话。B. 这种障碍妨碍了教育、职业成就或社交沟通。C. 这种障碍的持续时间至少1个月（不能限于入学的第一个月）。D. 这种不能讲话不能归因于缺少社交情况下所需的口语知识或对所需口语有不适感。E. 这种障碍不能更好地用一种交流障碍来解释（例如，儿童期发生的流畅性障碍），且不能仅仅出现在孤独症（自闭症）谱系障碍、精神分裂症或其他精神病性障碍的病程中。

简单来说，选择性缄默症是一种精神心理疾病。对于智力正常，而且已经获得语言能力的儿童，该病不会带来言语器官上的器质性病变。在心理社会因素影响下，选择性缄默症患者在一些场合会表现出长时间的沉默不语（一般持续 1 个月以上），但可以用手势、点头、摇头等躯体语言进行交流，有时也用书写的方式来表达，严重时会感到害怕。

具体来说，在社交互动中遇见其他个体时，有选择性缄默症的儿童无法讲话，或当别人对其说话时无法给予回应。有选择性缄默症的儿童在自己家里，面对一级亲属（父母）时能够说话，但通常在亲近的朋友或者二级亲属（祖父母或同辈堂 / 表亲）面前都无法开口。有选择性缄默症的儿童经常拒绝在学校发言，这对他们的学业或教育造成了一定的影响，但是，他们在不需要言语的场合（比如在学校不需要发言的游戏中）可能愿意或渴望参与社交。

## 专家支招

家庭环境对儿童的心理发育至关重要，父母的情绪、行为会影响儿童的性格。因此，父母一是应建立恰当的父母角色，形成和谐的夫妻关系，让孩子生活在有安全感的环境中。二是要建立和睦的家庭氛围，发展良好的亲子关系。父母要给予孩子更多的陪伴时间，和孩子一起游戏，一起学习，发展共同的兴趣爱好，和孩子分享经验和成果，增进父母和孩子之间的感情和相互之间的了解。三是要和孩子建立平等的关系，尊重孩子的爱好，给孩子一定的自主权去决定与选择，有些事情可以和孩子商量，征求孩子的意见。这种健康、和谐、融洽的家庭氛围有助于儿童健康心理的形成和稳定。针对一些家庭事件，父母也要给孩子足够多的“知情权”，让孩子了解整件事的过程，也应该告诉孩子今后的打算。同时，注意亲子之间的沟通态度与互动方式，多以鼓励、理解、尊重的方式与子女谈心。另外，学校老师发现孩子出现问题后，需要细致地了解孩子有没有遇到同学交往方面的问题，鼓励同学之间互助互爱、互相帮助。对于已经出现“选择性缄默症”的儿童，在家长或老师通过积极沟通、关心和陪伴后，症状仍然得不到好转，则建议尽快陪孩子到专科医院心理科门诊做相关检查和测试，坚持做心理咨询，必要时可能需要利用抗焦虑、抗抑郁等的药物进行治疗。

选择性缄默症的治疗方法主要是心理治疗和药物治疗。常见的心理治疗方法有沙盘治疗和绘画治疗、行为治疗（包括分级暴露减轻焦虑、社交技能的训练等）、认知治疗（可以纠正患儿对自己行为的错误认知）、家庭治疗（如家庭教育，家庭教育的目的是改善不健康的家庭环境和家庭关系，增加家长对疾病的认识，给孩子创造一个适宜的家庭环境，减少粗暴的呵斥，增加善意的鼓励）、支持性心理治疗（学校和社会的参与支持，给孩子创造一个良好的环境，多鼓励孩子表达，不恐吓、取笑、作弄孩子，不强迫孩子讲话）等。对于一些难治性病例，可以考虑合并药物治疗。有研究发现，5- 羟色胺再摄取抑制剂（如氟西汀、氟伏沙明等）可以缓解症状，但药物起效需要一定的时间。患者必须在精神科医生指导下用药，按照医嘱服药，也需要定期复诊。

## 第 4 节

# 美食大作战

梅　莉　陈　勤

### 案例故事

小彤是一个 5 岁的小女孩，目前在某幼儿园读中班。在上幼儿园以前，小彤和爸爸妈妈生活在一起。小彤爸爸是当地一家房地产公司的销售人员，妈妈是家庭主妇，其职责之一就是在家照顾小彤。爸爸下午下班回来后，会和小彤一起玩游戏，也会替妈妈分担家务，一家人在一起其乐融融。小彤性格活泼开朗、讨人喜爱，平日里，小彤也喜欢和同龄的小朋友一起玩耍。当小彤遇到困难，感到不开心时，也愿意和爸爸妈妈倾诉，家人也会给小彤提供适当的解决方法和情感上的支持。在那时，小彤认为自己是世界上最幸福的小孩。

然而，在小彤快上幼儿园的时候，她发现爸爸妈妈基本上都不和对方说话了，爸爸有时也不理自己，妈妈有时还会忘了给自己准备午餐，有一次到下午两点了，小彤还没吃到午餐。

小彤当时并不知道发生了什么，只是觉得好像没人关心自己了。直到有一天晚上，睡得迷迷糊糊的小彤突然听到爸爸妈妈在吵架，爸爸还动手扇了妈妈一巴掌。小彤当时害怕极了，可也不敢出声，后来又迷迷糊糊地睡着了。第二天起床后，妈妈告诉小彤她要离开一段时间，希望小彤能自己照顾好自己。小彤当时并不明白这是什么意思，只是觉得自己应该听妈妈的话。

妈妈离开家以后，小彤就和爸爸两个人生活在一起。爸爸对照顾小彤这件事好像有些手足无措，比如不懂得如何给小彤梳辫子，也不知道该怎样给小彤搭配衣服。有时候爸爸外出应酬，就会把小彤一个人留在家里，让小彤自己照顾自己，有时甚至会忘了给小彤准备吃的。从那时起，小彤逐渐变得不爱说话，不愿和其他小朋友一起玩耍，遇到困难也不愿跟家人倾诉，她感觉自己很孤单。有一次，小彤一个人在家看电视，她看见动画片里有个蓝色小精灵在吃鲜花，小彤对此充满了好奇，自己也开始去尝试。

一开始，小彤只是咬了咬花瓣，感觉微微发涩，接着就咀嚼起来，最后，她把整朵花都给吞下去了。后来，小彤一发不可收拾，除了鲜花，只要看到感兴趣的东西，比如泥土、棉签、纸张、肥皂、头发等，小彤都会拿到嘴里去尝一尝，有时甚至会吞下去。小彤的这些行为起初都没被周围人发现，吃下这些东西后，她也没有感觉身体有什么不舒服。直到最近，小彤读幼儿园中班，开始学习写字，当小彤拿起笔不知道该怎么写时，就会偷偷地去咬铅笔，不到两天，老师发给小彤的铅笔就都没了。老师询问小彤时，小彤一开始并不说话，但整个人脸都憋红了，在老师的陪伴和关心下，小彤最终鼓起勇气告诉老师她把铅笔都“吃”掉了。老师告诉小彤铅笔的正确用途，并将小彤的这一情况反馈给了小彤爸爸。

小彤爸爸得知这件事后，对小彤进行了严厉的批评教育，并且告诉小彤以后不能随便去吃不该吃的东西。然而，小彤有时看到泥土、纸张等物品，还是会忍不住偷偷地往嘴里塞。有次小彤肚子疼，爸爸带小彤去当地医院消化科就诊，从上腹部 CT 平扫的图像中可以看到，小彤的胃里有一些奇怪的东西，除此之外，小彤的其他检查都没有发现异常。医生也很困扰，经过询问，才发现那些奇怪的东西是小彤早上吃的 A4 纸……

## 专家解析

案例中小彤的故事呈现了未成年人的饮食问题，即进食非营养性、非食用性物质，也就是我们说的“异食症”。异食症是一种主要发生于婴幼儿和童年期，以5～10岁的儿童最为常见，以持续性进食非食物和无营养的物质为特征，且并非其他精神障碍所致的一类进食障碍。被儿童摄入的典型物质通常会随年龄和易得性而变化，包括纸、肥皂、布、头发、绳子、羊毛、泥土、粉笔、滑石粉、油漆、金属、石子、木炭或煤、灰、黏土等。一般来说，异食症行为的产生可能与生理因素（如寄生虫病、微量元素缺乏等）有关，更多的是与心理因素（如喂养方式不当、家庭破裂、父母分离、受虐待等）有关。异食症行为也会给身体带来一些损害，轻者会出现食欲减退、疲乏无力、营养不良，影响生长发育，重者会出现肠梗阻、重金属中毒、败血症，甚至危及生命。

从这个故事中我们可以看到，家庭破裂、父母分离和忽视等可能对小彤产生了一定的影响。在小彤快上幼儿园时，父母的感情已经出现裂痕，父母均出现了一些忽视小彤的行为（如父亲有时不理小彤，母亲有时忘了给小彤准备午餐），父母离异更是让小彤缺乏安全感。在这样的家庭氛围中，小彤可能会产生自卑心理，不愿和他人进行沟通。同时，小彤和父亲生活在一起，也缺乏来自母亲的关爱。小彤在生活中遇到某些困难时，由于父母某一方的角色缺位，使得另一方并不能提供一个良好的问题解决方法，这对小彤的生活可能产生了一定的阻碍作用。小彤咬铅笔的行为，正是自己在无法应对写字任务后形成的一个问题解决习惯。幼儿期不仅仅是身体生长发育的关键阶段，也是情感发展、形成良好依恋关系的关键阶段。小彤缺乏家人的关心，遇到困难没有合适的应对方法，同时对外界又充满了好奇，最终便通过“吃”去应对这一切。

## 专家支招

作为家长，如果发现家里的小孩有类似的行为，比如会进食一些非营养性、非食用性物质，首先需要做的就是带孩子去综合医院完善相关躯体检查，以排除躯体因素（如微量元素铁、锌等缺乏，患寄生虫病等）所致的异食行为，同时防止因异食行为造成的躯体损害（如营养不良、生长发育受阻、肠梗阻等）。如果孩子躯体方面并没有明显的问题，但依然存在异食行为，则需要将孩子带至医院心理科，由心理医生进行系统的评估指导。

在治疗上，家长还需注重以下几点：

**1. 改善环境。**在婴幼儿活动的场所不摆放那些外形、颜色吸引儿童但可能导致儿童误食的物品（如颜料、粉笔等）；不买过小的橡皮擦或塑性玩具；切忌将玩具食品化、食品玩具化。

**2. 认知教育。**家长应向患儿进行认知教育，告诉孩子什么东西是不可以吃的，并形象地描述吃了以后会有什么后果。当儿童对异食症有了正确的认识，会更容易减少这类行为。

**3. 正性强化治疗。**正性强化治疗指对一个行为给予奖赏，以增加该行为发生的可能性。奖赏一般可以分为实物奖赏（如食物、玩具等）、社会奖赏（如表扬、鼓励等）

和活动奖赏（如做游戏、看电视、去游乐场等）。正性强化治疗常被用于儿童异食症的治疗。

**4. 改善家庭氛围。**如果患儿的异食行为主要受心理因素尤其是家庭因素的影响，那么改善家庭氛围，给孩子提供安全、有爱的家庭环境就显得尤为重要。作为家长，学会尊重孩子、耐心倾听孩子的诉求、给予孩子积极关注，都有利于异食行为的消除。

**5. 饮食治疗。**应加强饮食照顾，为患儿提供营养可口的食物。

**6. 药物治疗。**此方法主要用于治疗因异食症所引起的并发症。药物治疗需在心理科医生的指导下进行。

异食症一般预后较好，患儿随着年龄的增长，异食行为会逐渐消失，很少会持续到成年。

# 第 5 节
# 食不知味

梅　莉　陈　勤

## 案例故事

小洁是家里的独生女，从小就长得圆嘟嘟的，一直深得家里人的喜爱。除了家里人，周围的邻居也会夸赞小洁，说她胖嘟嘟的很可爱。听到别人的夸赞，小洁也很开心。家里人都觉得全家只有小洁一个宝贝孩子，都怕她吃不饱、穿不暖。尤其在吃上面，每天不是爷爷奶奶送面包牛奶，就是外公外婆送水果零食。小洁在家人的悉心照顾下，一直都保持着中等稍偏胖的体型。

可是，自小洁上高中后，班上很多同学，尤其是部分男同学，会经常在背后嘲笑小洁，说她是个“大肥猪”。这些话被小洁不经意听到了，她感到特别难过，并决定减肥。那时的小洁身高 1.62 米，体重 62 公斤，其实也不算特别胖，只是脸上的肉比较多。

小洁最开始减肥时只是不吃晚餐，并戒掉了以前喜欢吃的炸鸡、蛋糕、冰淇淋等零食。没过多久，小洁会去计算所吃食物的卡路里，将她一天的饮食摄入严格控制在一定标准内。除此之外，小洁会严格要求自己每天运动一小时。就这样，不到两个月的时间，小洁就瘦了 10 公斤，再也不是同学嘴里的“大肥猪”了。而在当时，家人并未发现小洁有什么异常。

小洁瘦下来后，一直觉得自己还不够瘦，照镜子时还是认为自己的脸圆圆的。因此，小洁一直在坚持“减肥”。这期间，家人发现小洁有了一些变化，比如，小洁会在吃饭的时候用水去涮一下菜才入口；小洁会强迫妈妈去吃红烧排骨，妈妈若是不吃，小洁就会很生气；吃完饭之后，小洁会一直站半个小时，家人怎么劝都不愿意坐下来。除此之外，家人还发现小洁最近老是掉头发，也特别怕冷，有时累得都走不动路了还继续运动。家人也不知道发生了什么，看到小洁这么排斥吃东西，也会劝小洁多吃点，可小洁一点都听不进去。家人对此感到特别苦恼。

直到有一次，小洁在上体育课时晕倒了。当时学校把小洁送到医院，医生检查后发现小洁有心率缓慢、骨质疏松、甲状腺功能 T3 下降、低血压、贫血等问题，那时小洁的体重只有 40 公斤。家人这才重视起来，也是这时才知道小洁已经有三个月没来月经了。于是，家人带着小洁去心内科、消化科、妇科、中医科等科室就诊。可是，不管医生怎么建议，小洁依旧认为自己的脸很圆，依旧不愿意吃更多的东西，医生便建议小洁去看心理医生。起初家人都认为小洁只是在减肥，并不会有心理问题。可是经过治疗，小洁一直不见好，家长就带着她去了当地医院的心理科就诊。第一次就诊时，家人在诊室外发现了和小洁一样瘦骨嶙峋的患者，才意识到小洁的“减肥”可能的确受到了心理因素的影响。在心理科医生、心理咨询师和营养师的帮助下，小洁进行了系统的营养治疗及心理治疗。经过一年的系统治疗，小洁恢复了月经，也能正确地接纳自己，不再过度在意自己的体型和体重。

## 专家解析

案例中小洁的故事反映了未成年人常出现的饮食问题，即过度的节食和营养不良，也叫“神经性厌食”。神经性厌食是指个体通过节食等手段，有意造成并维持体重明显低于正常标准的一种进食障碍。其主要特征是以强烈害怕体重增加和发胖为特点的对体重和体型的极度关注、盲目追求苗条、体重显著减轻，常有营养不良、代谢和内分泌紊乱等躯体症状，严重者可危及生命。

体重的正常标准常用身体质量指数（Body Mass Index，简称BMI指数）来衡量。BMI指数是衡量标准体重的重要指标，其计算方法是用目前的体重公斤数除以身高米数的平方。根据中国参考标准，BMI指数的正常范围为18.5～23.9，BMI指数小于18.5为体重过低。在神经性厌食患者中，根据BMI指数的不同，可进一步评估患者病情的严重程度。当BMI指数不低于17，认为患者为轻度；当BMI指数在16至16.99之间，认为患者为中度；当BMI指数在15至15.99之间，认为患者为重度；当BMI指数小于15，认为患者为极重度。

神经性厌食患者常见的临床症状主要有三个方面：一是行为层面，表现为刻意减少热量摄入和增加消耗，如限制进食、过度运动、催吐及滥用药物等。二是精神心理层面，表现为对瘦的无休止追求和对肥胖的病态恐惧，恐惧性地拒绝维持正常体重。三是生理层面，体重下降到了一个明显不健康的低水平，并引发了一系列躯体症状（如明显消瘦、进食后腹部不适或饱胀感、女性停经、甲状腺功能减退、贫血、骨质疏松、电解质紊乱等）。

在“以瘦为美”的社会文化、一定的人格基础（如低自尊、完美主义、自我中心等）、家庭关系过度保护或纠缠、人际关系紧张、新环境适应不良等因素的影响下，青少年容易发展出神经性厌食。从小洁的故事中，我们可以看到，他人对体型、体重的恶意评价也是厌食症发生的常见诱因。减肥并不可怕，可怕的是体重已经在正常值下限，却仍旧觉得自己胖，还在不断地控制体重。应该知道，不管是胖还是瘦，只有健康才是最美的。

## 专家支招

神经性厌食的基本治疗原则是多学科合作、全面评估和综合治疗。治疗上主要以营养治疗、躯体治疗、精神药物治疗以及心理治疗为主。

**1. 最重要的是营养治疗。** 神经性厌食会导致营养不良，严重时可能危及生命，因此，治疗的首要目标是帮助患者恢复至正常体重。营养治疗包括制定合理的体重恢复目标、合理的营养支持方案以及方案的实施。健康体重存在一定的个体化差异，需要临床医生根据患者的病前体重和闭经时的体重等进行综合评估判断。多数女性的月经恢复体重需要高于闭经时体重大约2公斤。营养支持方案是指逐步增加患者的热量摄入，以达到恢复体重的目标。其目标为保证体重每周增加1～2公斤。由于厌食症患者对发胖的病态恐惧，营养治疗是充满挑战的。因此，营养治疗应在共情、包容的氛围中进行。医生及其他照料者要向患者传递这样的信息：我们要照顾你，即使你因患病不能自己照料自己，我们也不会不管你。在以健康为前提的情况下，给孩子一定的选择权，学会温柔且坚定。

**2. 躯体治疗。**神经性厌食带来的躯体并发症大多可通过营养治疗让体重恢复后获得改善，如贫血、闭经、便秘、腹胀等，只有特殊情况才需要医学干预，如血红蛋白低于70g/L，淀粉酶高于正常值3倍以上并有腹痛，严重而持续的便秘等。如遇到这些情况，就需要通过定期全面的体格检查和实验室检查来评估病情，以调整治疗方案。此外，患者在营养恢复的过程中需警惕出现再喂养综合征（指在长期饥饿状态下快速喂养食物过程中所引发的潜在致命危险，如严重水电解质失衡和葡萄糖的耐受性下降）。

**3. 心理治疗。**厌食症患者在极低体重下对体型、体重有着不合理的认知，心理治疗在急性期开展有一定难度，建议在体重开始恢复后考虑加入系统的心理治疗。心理治疗的方案主要包括家庭治疗、认知行为治疗、精神动力学治疗等。厌食症多起病于青少年时期，家长及其他照料者的改变尤为重要，因此，家庭治疗就显得更为重要。家庭治疗的目的不仅是改变患者本身，也是改变整个家庭系统及家庭互动模式。

**4. 精神药物治疗。**精神药物治疗主要用于减轻患者的焦虑、敌对等情绪症状，以协助饮食恢复和心理治疗或缓解相关的共病问题。具体的药物治疗方案需进一步到精神心理专科就诊确认。

由于神经性厌食患者会出现营养不良，严重的话甚至可能危及生命。早期发现和早期干预可改善神经性厌食的预后。作为家长，如果发现家里有孩子出现类似的行为，那么建议尽快将孩子带至心理科就诊，全面地评估病情并进行系统的治疗。针对神经性厌食症，治疗的过程可能会比较漫长，需家长、患者和治疗团队一起耐心去面对神经性厌食这个“恶魔”。

# 第 6 节

# 不可抗拒的欲望

雷　莉　陈　勤

## 案例故事

沫沫是某重点高中的高二学生，成绩中等，在学校没有特别要好的朋友，也没有什么兴趣爱好。沫沫算不上多漂亮，但也秀丽可爱。

在家里，沫沫虽然是唯一的孩子，但作为高校教师的父母却一直对她感到不满意。从小，父母就对沫沫要求非常严格，很少肯定她的优点，总是无意中说她不够漂亮，没有遗传到父母的优良基因。父母对沫沫的成绩也非常不满意，总是说“我们怎么会有你这么笨的孩子”。每当被父母责备，沫沫便会非常生气，但内心又觉得孩子不应该生父母的气，从而感到非常自责和愧疚。

沫沫的父母经常在家争吵，虽然并没有动手的情况，但每当听到父母的争吵声，沫沫都会感到很烦躁，然后她就会戴上耳机，在音乐声中躲避父母的争吵。

上高中后，学习压力越来越大，同学们能够在一起放松的时间越来越少，沫沫经常感到自己心里的不安和烦躁无处排解。她既不敢和父母倾诉，也不敢和同学们交流，害怕别人发现自己内心深处的烦躁。

高一下学期开始，沫沫突然发现，在吃高热量食物后，烦躁的心情会减轻一点，空虚的内心也有了一点温暖的感觉。于是，沫沫便控制不住地开始越吃越多。与此同时，沫沫又非常害怕变胖，也总觉得自己在变胖，即使自己的体型并没有问题。她觉得自己变胖后一定会更丑，父母和大家一定会更加讨厌自己，只有苗条漂亮的女孩子才值得被喜欢。

随着心中烦躁和不安的加重，沫沫一感到心情无法排解，就偷偷地用零花钱买炸鸡、汉堡、奶茶等高热量食物。这种情况越来越频繁，也越来越严重，她逐渐控制不住自己的食量，每次都要吃到胃痛，吃到感觉食物已经快从自己的身体溢出来，每当这个时候，她的内心才会感到满足。但随即，她又开始害怕自己变胖变丑，短暂的满足后出现的是无比地自责与恐惧，还有深深的罪恶感。所以，平时吃完饭后，沫沫都要悄悄去厕所用手指催吐。

时间一天天过去，沫沫虽然觉得这样的习惯是不健康的，但就是控制不住自己，不断重复着暴饮暴食和催吐的恶性循环，以至于现在吃完饭后，不需要手指，她就能直接将食物呕吐出来。沫沫的精神状态变得越来越差，容易烦躁，容易控制不住地发火，胃部也总是感到不舒服。因为害怕自己催吐的事情被大家知道，她开始和同学们疏远，害怕大家闻到自己身上呕吐物的味道。沫沫对学习也逐渐失去兴趣，现在的她除了大量吃东西，没有什么能让她心情好受一点。

有一次，母亲意外发现沫沫吃完饭后在家里的卫生间呕吐。母亲虽然感到担心，但仍然对此表现出不满，并指责了沫沫。母亲带沫沫到医院消化科就诊，检查发现，沫沫体重偏轻，存在轻度贫血、慢性胃炎和反流性食管炎。医生给沫沫开了一些改善贫血和改善肠胃的药物，但沫沫的情况并没有好转。后来，沫沫终于把之前自己暴饮暴食后主动催吐的行为告诉了消化科医生。医生认识到这一问题应该属于心理疾病，于是推荐沫沫到精神心理科就诊。

来到精神心理科后，医生询问了沫沫和母亲详细情况，查看了沫沫在消化科的检查结果，考虑沫沫并非患消化系统的疾病，而是患了进食障碍中的神经性贪食症。医生向沫沫和母亲详细解释了该病症，让她们减轻恐慌感，然后安排沫沫做心理测验，结果显示沫沫存在中度焦虑和中度抑郁。根据沫沫的情况，医生为沫沫安排了心理咨询师，为其进行了针对神经性贪食症的心理治疗，并予以抗抑郁药物盐酸氟西汀分散片进行药物治疗，也为沫沫做了营养规划，同时向沫沫母亲沟通了家庭需要做出的努力。

经过两个月的专业治疗，沫沫的暴饮暴食和催吐行为有所减少，和父母之间的关系也得到了一定程度的改善。但是医生向沫沫一家强调，神经性贪食症需要坚持长期治疗，避免反复发作。沫沫和父母在后来也一直坚持治疗，一家人的感情越来越好，沫沫和学校同学的关系也得到了改善。

## 专家解析

### 1. 案例故事中沫沫的表现符合典型的神经性贪食临床特征。

神经性贪食（bulimia nervosa，BN）即贪食症，是以反复发作、不可控制、冲动地暴食，继之采用自我诱吐、使

用泄剂或利尿剂、禁食、过度锻炼等方法避免体重增加为主要特征的一类疾病。该病症主要临床表现如下：

（1）心理和行为症状。①频繁的暴食发作（贪食症的主要症状）：A. 进食量常为常人的数倍；B. 暴食发作时进食速度很快；C. 所食之物多为平时严格控制的高热量食物；D. 有强烈的失控感，暴食开始后难以停止；E. 患者常掩饰自己的暴食行为，并充满内疚、自责、羞愧和耻辱的情感。②暴食后的抵消行为，比如用手指扣吐或自发呕吐，过度运动，禁食，滥用泻药、灌肠剂、利尿剂、减肥药等，以防止体重增加。③对体重和体型的先占观念。尽管大多数患者体重在正常范围，甚至过低，但仍对自己的体重或体型不满意，在意别人的看法。④情绪症状：情绪波动大，易产生不良情绪，如愤怒、焦虑、抑郁、孤独、冲动等，对发胖有强烈的恐惧感，暴食时有强烈的失控感，腹部胀满时有痛苦感，诱吐后又产生愧疚感，时常自责、否定自己。

（2）躯体症状。由于常在短时间内大量进食，又采取各种方式将食物排出，故患者体重常处于正常范围或波动范围很大。由于反复暴食、催吐及导泄，患者时常出现胃肠道损害，出现各种消化系统、皮肤和头面部、代谢系统、心脏系统及生殖系统等躯体并发症。

2. 神经性贪食患者多见于年轻女性（<30岁），发病多在青春期和成年初期。

3. 神经性贪食症发病相关因素：

（1）生物学因素。神经性贪食症与遗传、神经系统中各种化学物质及内分泌激素相关。

（2）个性特征。神经性贪食症患者多为完美主义者，追求成就感；较为冲动易怒，对遭遇挫折忍耐力低。

（3）社会因素。比如现代社会文化中对女性纤细身材的过分推崇，青春期对外表的关注增加，同伴中存在节食行为以及缺乏社交等。

（4）家庭因素。①家庭内的控制与反控制。父母对孩子过度控制，子女将控制自我进食作为反抗手段。②家庭进食观念。比如家庭成员不良的饮食习惯，家庭成员对体型的错误看法等。③父母的养育方式。比如父母教育理念不一致，家庭矛盾明显，父母责骂和轻视子女等。

## 专家支招

**1. 及时就医，专业诊断。**家长和老师一旦发现孩子出现上述特征表现，需要对孩子进行安抚，然后带至医院精神心理专科进行就诊，由专科医师进行临床评估，并完善相关检查，最后由专科医师进行进一步诊断。

**2. 营养治疗。**家长需在专业医生的指导下，帮助患者建立一套规范的饮食计划，以减少节食的发作频率及由节食引发的暴食和清除。并且，注意保证营养摄入，减少对食物的限制，增加食物种类，促进有别于强迫锻炼的健康健身模式。

**3. 躯体治疗。**积极治疗躯体并发症，如贫血、闭经、胃肠功能紊乱、便秘、肝功能异常等。

**4. 心理治疗。**目前，心理治疗是神经性贪食症的一线治疗方法，主要包括认知行为治疗、人际关系治疗、行为治疗、家庭治疗、精神动力治疗等。其中，强化认知行为治疗（enhanced cognitive behavior therapy，CBT-E）与其他心理治疗和药物治疗相比，有更好的疗效和依从性。

**5. 药物治疗。**部分抗抑郁药物、抗癫痫及抗焦虑药可应用于神经性贪食药物治疗。上述药物均应在专业医师指导下使用，不可自行使用，以免造成严重不良反应。

**6. 家庭支持。**对于青少年各种问题的改善，家庭的支持非常重要，孩子比看起来更需要父母的帮助。当孩子出现贪食的问题，需要父母和孩子一起在专业人士的指导下去面对和努力。

（1）对于孩子的贪食症状要予以重视，给予适当的关心，避免指责和忽视。

（2）在专业医生及心理治疗师的指导下，一起陪伴孩子积极解决贪食的问题。

（3）从爱与信任开始，逐渐与孩子建立良好的关系。尽量做到以下几点：①花时间陪伴孩子；②与孩子共同分享内心的感受；③相信孩子；④尊重孩子；⑤支持孩子；⑥为孩子建立适当的规则；⑦予以孩子适当的自主性；⑧耐心倾听孩子的感受。

（4）作为孩子的安全港湾，予以孩子坚定的包容与支持。或许外面的世界存在各种不安，但家庭可以作为孩子坚强的后盾。家庭对孩子的爱与支持可以让孩子拥有高自尊，让孩子的心理拥有良好的韧性。

（5）对于孩子的价值观，父母应进行适当引导，避免孩子过早受到社会上部分不良风气的影响。

（6）在贪食症的治疗中，父母需要做好长期治疗的准备，用足够的耐心陪伴孩子的治疗之路。

在现代社会，神经性贪食在年轻女性中的发病率一直居高不下，很多人未意识到这种疾病的危害。该疾病的发生涉及心理、生理、遗传及社会文化等各个方面，加强心理健康教育，拥有良好的自尊和温暖的家庭氛围是预防的关键。而一旦发现该疾病的存在，则需在专业人员指导下积极治疗，尽快康复，预防复发，最终回归到日常的生活、学习和工作中。

希望每一位女性都能认识到，健康的身体和心理最为重要。因此，不管社会的审美取向如何，都请坚定地爱自己。

# 第 7 节
# 午夜食堂

雷　莉　陈　勤

## 案例故事

玲玲是县里一个普通家庭的孩子，在一个普通中学读高一，成绩中下，外表普通，体型较胖，没有什么兴趣爱好。

玲玲从小由爷爷奶奶抚养，在玲玲小的时候，父母就开始在外地打工，每年过年回来一次，回来后与玲玲相处的时间也不多。爷爷奶奶身体不好，玲玲从小就要像个大人一样，在家做很多事情，却没人关心她心情好不好，稍微有些不足，就会受到各种责备。初二时，爷爷因脑出血去世，此后奶奶的心情时常很差，经常责骂玲玲。玲玲一直渴望父母能够多陪陪自己，又觉得这样的想法太不懂事。每次和父母联系的时候，玲玲总是说自己一切都很好，让父母不用担心自己。

后来，玲玲去市里上高中，成了寄宿生。父母总是很少联系玲玲，玲玲也不想和父母谈论自己的生活。玲玲感觉自己不能适应新学校的生活，也交不到新朋友，感到更加空虚和孤独。她总是一个人在校园里活动，每天上课完后就在教室做作业，不跟同学们一起聊天，周末也不和同学们去逛街。学校里大部分同学都是从小在城市长大的，玲玲总是觉得自己太土了，不知道和别人说些什么，自己长得也难看，除了读书一点特长也没有。

慢慢地，玲玲开始变得总是想要吃东西，刚开始是一两周会有一次突然吃很多东西，并且吃得非常快，狼吞虎咽，甚至不怎么咀嚼就直接吞下，吃太多的时候会觉得胃胀不舒服。这样大吃一通后，玲玲刚开始会觉得有满足感，好像那些空虚和孤独远离了自己，但后面又会感到很痛苦。玲玲不喜欢自己这种反常的行为，觉得要是同学们知道了，肯定会嫌弃自己。但是，玲玲开始吃得越来越多，根本忍不住，虽然很多时候她并不觉得饥饿，但就是控制不住地要吃很多，频率也从一两周一次到每周都有好几次。为了不让别人发现，玲玲会悄悄买很多便宜的零食，等晚上大家都睡了，就在寝室阳台上悄悄地吃，直到感到腹胀和恶心为止。玲玲的体型开始发胖，她因此更加不喜欢自己，觉得自己简直一无是处。

期末考试前，玲玲的心理压力越来越大，暴饮暴食的情况也越来越频繁。室友好几次都发现玲玲在晚上有暴饮暴食的异常情况。室友关心地询问了玲玲，然后陪玲玲一起找班主任，在大家的鼓励下，玲玲终于说出了自己异常进食的问题。班主任后来打电话和玲玲父母进行沟通。由于父母在外地，于是由玲玲住在本地的表舅带她去医院就诊。

到医院后，表舅先带玲玲去了消化科，医生经过检查和询问，发现玲玲并没有明显的躯体问题，于是建议玲玲到精神心理科就诊。来到精神心理科后，医生经过详细的询问，查看了之前的检查结果，对玲玲进行了心理测验，发现玲玲存在中度焦虑和中度抑郁，最后考虑玲玲可能存在进食障碍中的暴食障碍。医生详细地向玲玲和她的表舅解释了该疾病，予以抗抑郁药物盐酸舍曲林片对玲玲进行药物治疗，同时安排了心理咨询师对玲玲进行心理治疗，并且告知玲玲的表舅，需要和玲玲父母沟通，让他们多给玲玲一些关心和照顾。

经过一个月的治疗，玲玲暴食的情况开始逐渐减少，父母也开始经常与玲玲交流，关心和重视的玲玲的生活和学习。玲玲每半个月要去医院复诊，每周去做一次心理治疗。过了三个月，玲玲的情况逐渐变得稳定起来，便每个月去医院复诊一次。再后来，玲玲的学习和生活基本恢复正常了。

## 专家解析

### 1. 玲玲的表现符合暴食障碍的典型临床特征。

暴食障碍（binge-eating disorder，BED），又名暴食症，是以反复发作的暴食为主要特征的一类进食障碍。其主要临床表现如下。

（1）暴食发生。暴食障碍的基本特征是反复发作的暴食，伴有进食时的失控感，在三个月内平均每周至少出现一次暴食发作。一次“暴食发作”是指在一段固定的时间内进食，食物量绝对大于大多数人在相似时间段内和相似场合下的进食量。失控感表现为一旦开始就不能克制进食或停止进食，在暴食时缺乏饱腹感，或对饱腹感失去了正常反应，直到不舒服的饱腹感出现。其常与负性情感、人际间应激源、饮食限制、与体重体型和食物相关的消极感受、无聊感有关。暴食常在没有感到身体饥饿时发生，并且通常秘密进行或尽可能不引人注意，也可以是有计划的。

（2）暴食过程。暴食期间患者食用的食物种类并无明显共同特征。暴食时，患者只是要吃大量食物而并不在乎味道，常常进食迅速，有时甚至不咀嚼、狼吞虎咽，失控时甚至不分冷热、生熟，将饭桌上、冰箱里的食物或家里囤积的其他食物或零食一扫而空。

（3）暴食期间的情绪。个体在暴食时通常先有满足感，随着继续暴食进而出现罪恶感，极度痛苦，最后因罪恶感或躯体不适如恶心、腹胀、腹痛而终止暴食行为。同时，会对自己再次未控制住暴食而深感内疚、自我厌恶，情绪也再度陷入抑郁、沮丧状态。

**2. 暴食症在女性中比男性更常见，通常发生在青少年女性身上。**

关于暴食症的发病率研究相对较少，且主要集中于欧美国家。一项对全美范围内青少年的调查发现，女性的患病率明显高于男性，分别是 2.3%和 0.8%。

**3. 暴食症与神经性贪食之间存在区别，主要体现在两个方面。**

（1）食物种类偏好特征：暴食症患者所食食物种类无明显特征；神经性贪食症患者多食用平时严格控制的高糖高脂食物（如蛋糕、面食、油炸食品等）。

（2）进食后清除行为：暴食症患者可存在暴食后的节食情况，但无用手指催吐、禁食、使用泻药等清除行为；神经性贪食症患者大量进食后，存在用手指催吐、禁食、使用泻药等清除行为。

### 4. 暴食症发病相关因素。

（1）生物学因素。与遗传、神经系统中各种化学物质及内分泌激素相关。

（2）相关危险因素："危险因素"指疾病发作前可测量的特征，包括一般危险因素和特定危险因素。①一般危险因素：压力性生活事件，包括遭受身体和/或性虐待，某些家庭经历（例如，有问题的父母，父母精神病理），以及负面情感在精神障碍或其他精神障碍患者之间没有差异，这表明它们是一般的精神风险因素。②特定危险因素：a. 完美主义；b. 儿童期肥胖及无节制的进食；c. 父母存在进食障碍疾病史（例如，节食、暴食）；d. 猎奇和神经质人格特征。这些危险因素在暴食障碍中更加突出。

## 专家支招

**1. 及时就医，专业诊断。**家长和老师一旦发现孩子出现上述特征表现，需要先对孩子进行安抚，后带到精神心理专科进行诊治，由专科医师进行临床评估，并完善相关检查，最后由专科医师进行进一步诊断。

**2. 心理治疗。**心理治疗是暴食障碍的首选治疗。认知行为治疗、人际心理治疗、辩证行为治疗和行为减重治疗均对暴食障碍有一定治疗效果。其中，认知行为治疗是研究最多、疗效得到确定的一种心理治疗方法。50%的暴食症患者通过认知行为治疗可以达到痊愈，同时存在的进食障碍相关的心理病理也能得到改善（如对体型、体重的过度关注，抑郁及心理社会功能受损等）。

**3. 药物治疗。**当暴食症患者对心理治疗反应不佳或存在严重精神科共病时，可考虑加用药物治疗，并注意预防严重不良反应。所有药物均应在专业医师指导下使用，不可自行使用，以免造成严重不良反应。

**4. 家庭支持。**对于暴食问题的改善，除了对患者本人进行心理治疗外，家庭的支持同样非常重要。当孩子出现暴食的问题，需要家庭成员和孩子一起在专业的指导下共同面对和努力。

（1）对于孩子的暴食症状要予以重视，给予适当的关心，避免指责。

（2）在专业医生及心理治疗师的指导下，一起陪伴孩子积极解决暴食的问题。

（3）对于存在长期冲突的家庭，可选择专业心理治疗师进行家庭治疗，探索家庭中存在的问题，一起重新建立更加健康的家庭模式，让家庭各个成员都能得到成长。

（4）避免对孩子过度控制或过度忽视。青春期的孩子需要父母的陪伴和关心，父母始终是孩子温暖的“避风港”。同时，父母也需要保证孩子有一定的自主性和个人隐私。

（5）暴食障碍的治疗是一个长期的过程，期间可能存在症状的波动和病情的反复。这需要家长保持足够的耐心，持之以恒地支持和帮助孩子，让孩子获得足够的信心，最终战胜疾病。

**5. 学校的作用。**学校对于可能存在暴食问题的学生，应予以关心，积极与学生家长取得联系，共同帮助学生。同时，对学生的情况应予以保密，避免让学生产生过度的病耻感及人际关系压力。

总之，暴食症是一种涉及心理、生理、家庭及社会等各方面因素的疾病，目前心理治疗是首选治疗方法。患者需尽早获得专业指导下的治疗，以尽早获得康复。家庭应积极配合并陪伴孩子，以预防疾病的复发，维持孩子正常的学习和生活。

希望每个人都能享受进食的快乐，感受生活的美好，完整地接纳和爱护自己的一切。

## 第 8 节

# 爱啃指甲的胡小妞

刘　浩　　杨　辉

### 案例故事

胡小妞的妈妈一直都很庆幸自己有一个特别好养育的宝宝，印象中，胡小妞从小就不爱哭，也不黏人。由于爸爸妈妈经常出差在外，胡小妞常常只能独自和一个接一个的“保姆妈妈”在一起生活，不过她一直都很安静，也很听“保姆妈妈”的话。从小，胡小妞就很喜欢吮手指，尤其是一个人无聊玩耍的时候，或者是睡觉的时候，小妞就把手指吮得吧唧吧唧响，只是那时候她还小，所以妈妈并没多想。如今，胡小妞已经上小学二年级了，她不再吸吮手指了，但是多了一个更加令自己困扰的习惯——啃指甲。不管是在写作业，还是在看电视，或者在睡觉前，她总会不由自主地啃起自己的指甲来，有时候连自己都察觉不到自己在啃指甲。在遇到考试等有压力的事情时，胡小妞啃指甲的情况就越严重，越无法控制。作为一个爱美的小姑娘，胡小妞看着被自己啃得光秃秃的指甲，十分苦恼。胡小妞啃指甲的习惯也引起其他同学的关注，有同学总是故意问她：“你的指甲怎么是这个样子呢？”胡小妞只能不好意思地把手背到身后，红着脸支支吾吾地说不出原因。胡小妞还听到同学偷偷议论自己，对此她既感到难堪，同时又不知所措。学校每周都要检查手部卫生，每当老师要求把手伸出去的时候，胡小妞看到身边同学干干净净、整整齐齐的手指甲，也总会低下头，感到无地自容。起初，爸爸妈妈觉得胡小妞是因为调皮才啃指甲，因此常常批评和责备胡小妞，要求

她不能再啃指甲，爸爸甚至还因为这件事打过她。然而，胡小妞啃指甲的行为愈演愈烈。爸爸妈妈渐渐发现，孩子并非故意为之，为此，妈妈和胡小妞一起想了很多办法，比如涂苦瓜汁、黄连汁，或者把指甲剪很短，但效果总是不理想。

爸爸妈妈很困惑，孩子为什么会一直啃指甲呢？啃指甲的胡小妞到底经历了什么？啃指甲的时候她在想些什么呢？

## 专家解析

首先，啃指甲是儿童青少年期一种常见的不良行为习惯，可能是婴儿时期吮手指行为的延续。婴幼儿在心理上有吸吮的需要，喜欢吮手指，尤其是拇指，常常在饥饿或者睡前出现。当他们的生理或心理需求无法立即被满足，内心感到恐慌、痛苦时，吮手指可以看作一种自我安抚的行为，这种行为常常随着年龄增长自行消失。但是，如果孩子在小时候生理或心理上得不到满足，出现紧张、焦虑、孤独等情绪，这样的行为可能就会固着下来，逐渐形成一种不良行为习惯。例如案例故事中的胡小妞，在幼年的养育中缺少父母的支持和安慰，照顾她的人不断更换变化，生活中始终没有一个可以信任和依恋的对象。胡小妞在遭遇困难、感到孤单、身体不适、遇到外界压力等时候，常常都是独自面对，内心的孤独感、恐惧感和不安全感不言而喻，吸吮手指、啃指甲可能是她用来安抚自己的一个最快速、便捷、可获得的应对方式。

心理学家费雷德·门德尔认为，每个人在一定程度上都会有啃指甲的经历，啃指甲其实就是情绪波动时的一个不良习惯。啃指甲往往被当作表达负面情绪的一种方式，能够让孩子发泄内心的压抑不安，起到自我安抚的作用。因此，每当出现紧张、烦躁、焦虑等负面情绪，孩子就会忍不住通过啃指甲来缓解。对于这种越焦虑越啃指甲的现象，心理学上将其称作“操作性条件反射”。如果孩子啃指甲啃到出血，通常是孩子心里有愤怒，家长不允许自己表达或者自己不知道如何表达，使得愤怒情绪找不到宣泄的出口。于是孩子便把愤怒转向自己，通过攻击自己，即啃指甲啃出血来缓解愤怒，从而获得快乐体验。

其次，异食症的孩子也可能出现啃指甲的行为。挑食、饮食不均衡等会导致孩子体内锌、铁等微量元素的缺乏，从而出现异食症。异食症的孩子在出现爱啃指甲行为的同时，还会伴有肢体震颤、皮肤粗糙、头发干枯等表现。若出现此种情况，家长需要带孩子到正规医院进行微量元素的检测，不能盲目补充。除了通过均衡饮食及充分补充优质蛋白、维生素、各种矿物质等改善症状，若情况较为严重，还需要在医生的指导下进行额外微量元素的补充。

最后，如果孩子出现控制不住的啃指甲行为，甚至出血、发炎也停不下来，还要考虑有没有患强迫症。强迫症与遗传、脑损害、神经递质异常、心理因素等有关。患强迫症的孩子可表现为强迫观念、强迫行为等。若孩子出现强迫观念或强迫行为，建议家长带孩子到医院精神科或者心理科就诊，经医生诊断后，选择进行药物治疗、认知治疗或行为治疗等。

## 专家支招

### ▶ 对于孩子

首先应觉察自己的行为，当自己出现啃指甲的行为时，有意识地停下来，并记录啃指甲行为出现在什么环境下，当时发生了什么事情，自己内心产生了什么想法，有什么情绪，身体有什么感受……如果文字记录很困难，也可以采取画画等形式。比如在本案例故事中，当胡小妞觉察到自己独处感到很孤单、很害怕的时候，可以学会意识到自己的父母是愿意帮助她的人，现在可以直接向父母寻求安慰来满足自己的需要；当面对考试感到有压力时，可以积极肯定自己的努力，投入到能达到更好结果的行动中，比如认真做题，而非陷入对考试结果的担忧中；当觉察到自己比较焦虑时，可以做一些诸如深呼吸、肌肉放松训练等自我放松的练习，帮助自己放松下来。当然，也可以运用案例故事中胡小妞妈妈所使用的一些办法，比如涂苦瓜汁、黄连汁等，辅助减少啃指甲的频率。不过，这些办法通常只能在短时间内有所帮助，要想从根本上解决问题，最终还是需要从行为背后的原因着手。

### ▶ 对于家长

如果孩子出现啃指甲行为，不要随意指责、打骂孩子，这对孩子来说是一种负性强化。首先要做的是带孩子积极就医，确认是否是因挑食等原因造成的异食症，或者是严重的强迫症等疾病所致；其次需要考虑孩子是否伴随有情绪问题。啃指甲是一个我们能看到的行为结果，根本原因则是孩子内心的负面情绪。要彻底改善孩子啃指甲的行为，不仅要调整行为，更要调整情绪。如果孩子的情况是从小时候的吮手指逐渐演变成啃指甲，则要看到孩子行为背后长期的孤单、害怕、恐慌、悲伤等情绪，需要给孩子更多的支持、安慰、陪伴，帮助孩子建立安全感。如果孩子是因为紧张、害怕、不开心而啃指甲，则需要去了解这其中发生了什么，是因为父母关系紧张导致孩子害怕？还是孩子在学校经历了不开心的事情？抑或是人际关系的困惑或学业压力的增加而导致的焦虑？任何一种情绪的产生都不是无缘无故的，只有找到原因，才能更好地对症处理。

如果是父母关系的问题导致孩子情绪出现问题，则需要家庭整体进行调整，父母需要在子女教育上更好地合作，让家庭成为孩子的安全基地；如果孩子在学校遇到了人际关系、学业压力等方面的问题，父母需要提供支持，指导孩子学会人际交往方面的技巧，帮助孩子建立适度的学业要求，关注孩子的学习过程，而非仅仅关注学习的最终效果。父母是孩子与学校的重要桥梁，在孩子遇到行为问题时，父母也需要与学校紧密联合来帮助孩子。

找到孩子产生负面情绪的原因是治疗的关键所在。在与孩子沟通交流时，家长应从孩子的角度出发，理解、共情到孩子的负面情绪，避免说服教育，帮助孩子疏解负面情绪，不打骂、讽刺孩子，避免孩子产生自卑心理。如果孩子的情绪问题较为严重，则需要带孩子到医院精神科或者心理科就诊，医生一般会根据孩子的具体情况制定出治疗方案，由家长协同实施，同时予以支持性心理治疗。此外，家长应意识到，任何行为的形成和矫正都是长期的，当孩子啃指甲的行为逐渐减少时，要及时给予鼓励和肯定。当治疗后行为仍旧持续，也不要过分焦急，需要坚持不懈地支持和帮助孩子。

## 第9节
# “完美小姐”养成记

黄雪萍　杨　辉

### 案例故事

小美就读于某重点高中，是一个非常优秀的女孩。她学习非常认真，成绩优异，为人谦逊谨慎，有责任感，凡事都要求完美，面面俱到。因此，小美自小就是别人口中的完美孩子，父母和老师都非常喜欢她，时常夸奖她，也对她寄予了厚望。然而，在一切看起来都很完美的时候，意外发生了。在一次数学期中考试中，小美漏了一道题没有答，只考了95分，被父母批评粗心大意的她感到无比懊悔。此后，小美开始怀疑自己的能力，做题时变得不自信，反复演算检查，生怕做错题做漏题。到了后来，小美甚至发展到做一道题要检查数十遍，考试的时间都用到检查上去了，试卷题目也就没法答完，成绩也越来越糟糕。小美感到非常迷茫，她为自己的行为感到愧疚，但检查的习惯却发展得更加严重。比如，小美放学时会反复检查自己的东西是否都带完，有没有遗忘的；回家复习课文的时候，会反复地阅读一段话，或反复地浏览一道题，并且反复问自己：“这道题我完全做对了吗？”“这段话我完全读懂了吗？”“万一我把某个单词读错了呢？”“万一我把这道题看漏了呢？”……小美始终处在自我怀疑的状态，朋友们也会取笑她反复检查的习惯。因为反复检查占据了小美太多的时间，让她几乎不能做其他的事，她感到非常苦恼，开始回避会触发反复检查的场景，譬如学习、看书等。后来，小美发展到无法再坚持上学，最后退学回家。父母也不能理解小美为什么会这样，对小美感到很失望，强制要求小美停止检查行为。小美感觉自己快要疯了，她也不知道自己为什么要做无意义的重复检查。如果停止检查，她害怕可能会犯错误，或者带来不好的运气和灾难。这个念头像是有可怕的魔力，自己无法将其赶出脑中。不管是阅读还是做题，即使她已经完全理解，但是可怕的怀疑念头会让她一遍又一遍地检查。小美非常希望能回到以前快乐的状态，但她像闯进充满可怕念头的迷宫一样，找不到出口。

## 专家解析

1. 小美是一个典型的强迫症患者。

她怀疑自己做得不够好是强迫思维，由于她不相信自己的感觉，因而产生了对失去控制的恐惧，为了缓解自己因恐惧产生的焦虑，小美选择通过反复检查的强迫行为来缓解自己的焦虑。换句话说，小美明知反复检查不必要，但是控制不住，同时倍感痛苦。强迫症有一定的人格因素，譬如自我要求完美，严谨刻板，无法忍受各种不确定性，认为不完美就等于不好，达不到目标容易自我否定等。但是，越想达到完美往往就越不容易完美，小美需要认识和接纳自己的不完美之处。

2. 强迫人格的形成除了与遗传有关系，家庭教育与社会环境也在其中起着重要作用。

小美追求完美的性格便与她童年时期的经历有关。具有强迫个性的父母在对孩子早年的教养中，会过分苛求，对生活制度过于刻板化，使孩子形成遇事谨慎小心，过分追求完美，过分注意细节，过分认真，责任心过强，做事严格遵守各种规章制度，缺乏灵活性，完成一件事情后有强烈的不恰当感或自我怀疑，事前反复推敲，事后后悔自责等习惯。强迫症孩子在行动过程中，往往会把事情考虑得面面俱到，把结果看得过重，做事和学习时总是感到不满意，进而产生强烈的内心冲突。同时，在此案例故事中，当学习、生活中出现失误时，父母会用否认、批评、指责的方式让小美产生强烈的内疚感。为了缓解自责和内疚，小美便通过追求完美来满足父母的期待。

## 专家支招

### ▶ 对于小美

1. 了解自己的强迫症状源于对自身不完美的恐惧，学会以全面、现实的态度看待自己的优缺点，对自己的优势和不足都能够坦然接纳，不过度苛求自己。理解强迫症只是一个疾病，就像感冒、发烧等其他疾病一样，努力去做生活中该做的事，该学习就学习，该聊天就聊天，行动优先。理解世界上不存在完美的选择，勇于选择，每一个选择都有得有失，哪怕这个选择是错的，也比不去选择要好。尝试做到“顺其自然，为所当为”，“顺其自然”不是让强迫症状任意发展，比如，自己正在上课，觉得手脏了要去洗手，就不再听课而去洗手；也不是拼命克制自己的想法，比如，自己想去洗手，但觉得没必要这么做，接着反复克制自己不去想洗手这件事，不断进行思想斗争。这种情况就如同自己想抓住一个乒乓球，如果想让乒乓球停下，拍打只会让乒乓球跳得更剧烈，不理睬和接纳它时，乒乓球就会自然停止。所以，遇到这种情况，正确的做法是不去理会脑子里的想法（比如洗手还是不洗手），继续做自己应该做的事（比如继续上课）。刚开始用这种方法时也许会很痛苦，但想减轻焦虑，一定要接受症状产生的焦虑，因为这种焦虑是正常的。只有接纳这种焦虑，焦虑才会正常消退。如果对焦虑进行压抑和控制，必然会加重焦虑。强迫症患者总是想追求“刚刚好”的感觉，最害怕的就是不确定感，这种不确定感促使他们反复检查。但是，事物本来就是不确定的，不确定性促进我们去探索更多的未知和可能性，促进自身和世界的进步。与其拼命检查，不如接受不确定性，让自己的人生得以发展。

**2. 学会识别强迫症状。**比如上课时突然觉得手脏要立刻洗手，“被污染”“不干净”就是强迫想法，识别后就要停止洗手的行为，不能被强迫想法牵着鼻子走，不能只听明白了，但不采取行动，也不要想着等症状消失，才开始行动，比如认为“有症状我没办法行动”，这种不切实际的想法会干扰自己的治疗。

**3. 尝试转移注意力，可以通过听音乐、锻炼、读书、聊天等方式转移注意力，不给强迫症状留时间。**注意不和“万一”作对，生活中的“万一”太多了，“万一”是发生可能性极小的小概率事件，就像有人在大海里扔了一根针，把针捞上的可能性非常小；不要夸大想法的重要性，一念一瞬间，我们的念头每时每刻都在发生变化，因此，过于重视念头是徒劳耗时、无休无止的，重要的不是想什么，而是做了什么；放弃过分的责任感，强迫症患者要求自己必须承担保护自己和家人安全的全部责任，但我们都是凡人，即使需要承担责任也不是全部的责任，接受“如果经过认真检查还是发生了意外，那我也没办法了”的事实，别一味责备自己，放弃对自己的过分苛刻。

如果使用了以上方法都没有起到作用，就需要去正规的医疗机构进行药物和心理治疗。药物能更快地控制强迫思维导致的焦虑不安等症状，降低焦虑后，执行相应的治疗方案会更容易，否则就会消耗大量的时间。另外，强迫症的治疗不会立竿见影，但凡有“包治包好”的噱头的治疗手段，建议慎重选择。强迫症治疗是一个漫长艰辛的过程，这期间会碰到各种困难，特别是强迫症状会不时反复出现，给自己带来挫败感。但是，这是必经的道路，只要不放弃就一定能够战胜困难。

### ▶ 对于家长

一方面，家长要接纳孩子既有优势，也有不足。“金无足赤，人无完人”，家长们虽然能够从理性上意识到这一点，却忍不住理想化自己的孩子，认为自己的孩子会是最特别、最完美的那一个，进而用苛刻的标准来要求孩子。同时，家长也需要接纳自身的优势与不足，家长对自我的高要求也会潜移默化地影响孩子。同理，家长对自身接纳的态度也会帮助孩子以全面、现实的态度看待自己的优缺点。因此，家长应降低对自己和孩子的过高要求，放弃以严苛的态度对待自己和孩子，对自己和孩子更友善一些。另一方面，家长要接纳孩子的疾病，不讳疾忌医，帮助孩子积极就诊治病，解决现实问题。和孩子加强沟通，了解孩子心理感受和需要，给予孩子积极正面的引导。比如，当孩子在某方面做得好，或者成功克制自己没有做过分检查的时候，可以积极正面地对孩子进行鼓励；相反，当孩子在某方面做得不够好的时候，也不要去指责、贬低，甚至羞辱孩子，以免增加孩子的苦恼。主动和孩子交流，理解、共情孩子的困难，做支持性的父母，和孩子建立一个既不过分包办、又能充分支持的恰到好处的亲子关系，当孩子需要时能够成为孩子的帮手，当孩子不需要时也能够优雅退场。

▶ **对于学校**

学校要多关注学生的动态变化，尤其是对在某些方面存在一些情绪、行为问题的学生。当发现学生在行为、心理等方面有异常变化时，应及时与家长沟通，反馈孩子的情况，与家长达成一致的意见，并且制订帮助计划，如同辈帮扶、师生关照、家校联系等，及时、有效地帮助孩子接受治疗，并动态评估孩子病情变化情况。

# 第 10 节
# “王者归来”

黄雪萍　杨　辉

## 案例故事

小智新升入某市重点初中，在县城开餐馆的父母工作繁忙，没有时间和耐心照顾孩子，因此，小智独自从县里到市里求学。离开了熟悉的环境和亲人朋友，小智对新环境感到很不适应，很难融入新班级，常感到孤单，觉得学校生活枯燥乏味。由于小智成绩优异，爷爷奶奶奖励他一部智能手机。自从开始使用智能手机，小智就像进入了一个全新的世界。网络上有很多好玩的，B 站、快手、小红书、王者荣耀、和平精英……这些都是他过去未曾体验过的。特别是在“王者荣耀”这款游戏上，聪慧的小智用一周时间上分升级到王者级别，也在游戏中组队友认识了可以畅所欲言的朋友。在游戏里，小智得到了荣耀和友谊，找到了久违的自豪感和归属感。渐渐地，小智迷上了玩手机，在手机上花的时间越来越多，打游戏也慢慢变成小智生活的中心，影响着他的喜怒哀乐和日常作息。一天不玩游戏，小智就觉得浑身难受，好像缺少了什么。为了玩游戏，小智下课后会躲在学校操场角落玩，晚上在被窝里玩。就这样，长期熬夜的小智视力下降，饮食和睡眠没有规律，白天精神特别差，注意力变得难以集中，学习上感到吃力，考试成绩明显下滑。父母完全不能理解小智的变化，认为就是手机害了小智，于是对小智的态度十分强硬，严厉禁止他玩游戏，还多次摔砸小智偷偷拿出来的手机。小智一方面十分反感父母的做法，自己便省下生活费买了新手机，悄悄对抗父母。另一方面，他也对自己荒废学业感到内疚、自责和着急。但是，小智只要不玩游戏就感觉浑身难受，对游戏欲罢不能。只有在上网的时候，他才能感觉轻松一点，最后发展到谁抢他手机就跟谁拼命，父母对此也毫无办法。最后，小智无法坚持上学，只好办理了休学。

## 专家解析

### 1. 青少年网络成瘾的原因。

所谓网络成瘾，就是青少年对于网络过度依赖不能控制，或反复使用网络，最后导致学习、工作和社会功能出现问题。从科学的角度看，青少年网络成瘾的原因是多方面的。一方面，青少年大脑尚未发育成熟，尚未形成完整、稳定的世界观、人生观和价值观，自我控制能力相对较薄弱，对新鲜事物充满好奇，探究的欲望非常强烈，所以，青少年本身对网络成瘾就存在易感性。另一方面，青少年正处于身心发展的重要阶段，自我意识猛增，渴望独立但还不具备独立生活的能力，渴望同伴关系，易陷入孤独，存在许多矛盾心理，而网络的虚拟性、隐匿性、开放性和自由性使青少年可以超越空间界限，无所顾忌地在虚拟空间满足在现实生活中无法满足的各种欲望和需求。

小智从区县到市区求学，离开了熟悉的环境和人际关系网络。环境的改变意味着他要进行更多的改变与调整，以适应新的环境。再加上重要关系的丧失，内心痛苦没人理解，导致他出现适应不良的情绪反应，如孤独、焦虑不安、抑郁等，甚至出现一些破坏性行为反应。在这个过程中，青少年往往会采用替代性补偿的方式（如玩网络游戏等）来满足自己内心的需要，去获得真实世界中体会不到的自信、自尊及自我满足感。

与此同时，进入中学后，小智遭遇繁重的学习压力，父母或其他照料者对孩子情绪等方面有所忽视，养育中多采用拒绝、打压、控制等方式，加上小智与他人的人际交往不通达，这些因素使得缺乏家庭及社会支持的小智倾向于在网络中寻找支持和资源。进入中学后的小智也不再能够保持过去良好的学习状态，内心的失落感不被看见，无人理解，小智对自我的认知会倾向于负性、消极，自信自尊水平变低，这些都容易增加孩子网络成瘾的风险。

2. 网络及手机使用的优缺点。

很多家长在孩子使用手机的方面会存在错误的观念，即在学校全靠老师，沉迷了全怪游戏。有时家长强行禁止孩子玩手机，会刺激孩子的逆反思想与控制欲，反而会把孩子推向游戏的一边。事实上，手机及网络不是什么洪水猛兽，它是一把双刃剑，既是“荣耀”也是“毒药”。青少年玩网络游戏不一定是喜欢网络游戏，也可能是他们在人际交往、学校生活上出现困难的结果。为了缓解现实生活中复杂的人际关系，他们选择用网络人际代替现实人际来应对社交恐惧。

正确地利用网络与手机，可以获得大量的信息和知识，提高智力，也可以放松身心，同时可以接触不同的人，交到很好的朋友。比如小智在游戏中组队可以培养他的团队意识，可以让他和周围的同学有共同的兴趣和话题。而且网络学习不受距离、空间、聚集风险等的限制，大大发挥了其在教育中的价值。只有当网络及手机的使用处于失控的状态，才会导致孩子出现网络成瘾。因此，网络和手机使用需要家长和老师监督管理，避免孩子沉迷，也需要青少年自身合理规划使用时间，良性娱乐。

## 专家支招

### ▶ 对于小智

小智需要看到网络成瘾背后自我的情感需求，明白网络成瘾是自身心理需求所引发的行为，网络成瘾会给自己带来怎样的危害。同时要明白网络游戏只是满足自己情感需求的其中一种方式、一种策略，而不是唯一的方式，必要时可把它作为一个满足需要的合理的工具，而不是让网络成为毁坏自己美好生活、让自己离梦想越来越远的恶魔，可以在更有意义、更能够体现自我价值的现实生活和休闲的游戏中自由切换。当情感受伤、压力巨大、感到孤独和悲伤时，积极寻找情感支持来帮助自己暂时逃避糟糕的现实，重新积蓄自我复原的动力。

一次性就想把网瘾戒掉几乎是不可能的，不要“心太大”，而是从最小行动开始，制订计划，逐次缩短上网时间，轻松上路，逐步养成习惯，并且给自己养成的好习惯设置奖励，比如吃自己喜欢的东西、买喜欢的书籍、读书、跑步、运动、听歌、看电影、和家人朋友聊天、参与社会实践、加入社团等，可以设置戒网专用奖金账户，奖励好行为。

同时，加强与学校社会的交往，来摆脱对网络游戏的依赖。正确认识和评价自己的优势、长处与劣势、短处，扬长避短，把注意力放在学习和现实生活中，增强自我的主动性，按照自己的方式学习，培养兴趣爱好，获得成就感和满足感。当沉迷游戏无法自拔时，可以给予自己积极的自我暗示，自我鼓励，加强信心，并且积极寻求外界帮助，认识到沉迷网络游戏的危害及影响。

### ▶ 对于家长

家长需了解孩子网络成瘾背后的原因，理解孩子的困境，共情孩子的情绪，营造支持性的学习环境，帮助孩子合理地使用手机。几乎所有网络成瘾孩子的背后，都存在家庭问题。网络成瘾只是一个现象，背后更多的是家庭关系的失调，亲子之间的冲突等问题。青少年时期对被认可、被重视、被尊重的需求十分突出，如果现实生活中得到的支持较少，特别是缺乏重要他人（父母）的理解和支持，容易转向网络寻求支持，在虚拟世界寻找存在感。因此，网络成瘾的治疗需要全家人一起配合，父母用正确的方式爱孩子，多关心孩子的身心健康，高质量陪伴孩子，人在心在，了解孩子的所思所想，重视孩子的需要，通过理解、尊重和关爱孩子，与孩子建立良好的亲子关系，从而帮助孩子改变和成长。

言传不如身教，在和孩子相处的同时，父母也要放下手中的电子产品，多陪伴孩子，和孩子一起学习，一起阅读，一起玩其他的游戏，给孩子做榜样，降低孩子对网络和游戏的兴趣。引导孩子树立其他兴趣爱好，培养孩子对网络的自控能力。父母应和孩子沟通讨论，在孩子同意的情况下，制订计划来戒掉网瘾。制订的计划要具有可行性、灵活性，内容可以包括作息时间、上网的时间和次数等，如有违反，将被限制上网。父母可以参与网络游戏中，跟孩子一起玩，也可以和孩子一起利用网络查阅信息，一起交流分析，正确引导孩子合理使用网络。陪孩子一起上网，既可以促进情感融洽，也可以增加共同语言。

对孩子使用网络的管理要温柔且坚定地执行，不要妥协，也不能放纵。一开始被限制上网时间，孩子可能会非常懊恼，对父母有愤怒情绪。家长应该理解，孩子的愤怒是正常的情绪反应，认可孩子的情绪，告知孩子管理网络时间不是因为想要惩罚他或是故意和他作对，而是因为爱他，想要帮助他合理使用网络，摆脱成瘾的不良习惯，帮助他重新回到正常生活。

如果孩子网络成瘾的问题特别严重，一直不能改善，建议寻找经过训练的心理咨询师或治疗师的帮助；需要治疗的，可以求助专业医生，进行系统性的认知行为干预、家庭治疗等，确保做到早发现、早干预、早治疗。

### ▶ 对于学校

学校要多关注学生在手机使用方面的情况，并给予积极、正面的引导。同时及时与家长沟通，反馈孩子的情况，达成一致的意见，共同制订帮助孩子正确使用手机的计划，在孩子网络成瘾时采用如同辈帮扶、师生关照、家校联系等综合措施，更及时、有效地帮助孩子。

# 第 11 节
# 白色诱惑

刘 浩　杨 辉

## 案例故事

杨小兵是个苦孩子，出生没多久妈妈就因病去世了，爸爸忙于生计，四处打零工，方便时就把小兵带在身边，不方便时就把他寄养在邻居家里。杨小兵自小在所住的城中村里摸爬滚打，结识了形形色色的人，八九岁时就模仿起身边的大人们抽烟、喝酒。他觉得这样特别酷，跟电视剧里的“大哥”一样。同龄的孩子也因此害怕他，不敢和他玩耍。周围的家长既可怜他，又觉得他是个坏孩子，不允许家里的孩子和他玩。杨小兵在学校没有朋友，感到很孤单，比他大的孩子经常欺负他，他也无处求助，时常感到苦闷。14 岁那年，杨小兵结识了几位年长的大哥，几番往来后，杨小兵发现大哥们原来是“白药仔”（潮汕方言，指的是吸毒的人），不过他认为这是很时髦的表现，加上没有其他朋友，小兵与大哥们来往日益密切。有一天，杨小兵看到大哥们躲在一个隐蔽角落里抽烟，仔细一看，发现他们的抽法很奇特，于是他凑了上去，学着他们的样子狠狠地吸了一口，那一刻，杨小兵感受到了前所未有的“愉悦”，有一种如痴如醉、欲仙欲死的感觉。小兵渐渐沉溺其中，无法自拔。因为没有经济来源，杨小兵常常会干一些小偷小摸的事情，后来小偷小摸也满足不了杨小兵在毒品上的开销，他便开始跟着大哥们分销毒品，并唆使同龄人吸毒。后来，杨小兵被警方抓获，在审讯时因毒瘾发作口吐白沫，被送交强制戒毒所。

## 专家解析

我们都知道，“一年吸毒，十年解毒，一辈子想毒”，毒品是全人类的共同敌人。吸食了第一口毒品，就像打开了“潘多拉的盒子”，痛苦与绝望、堕落与沉沦、疾病与死亡接踵而至。一旦接触了毒品，人生就与悲剧、犯罪、疾病和死亡连在了一起。是什么让杨小兵走上了吸毒的道路？杨小兵知道什么是毒品以及毒品的危害吗？

### 1. 什么样的孩子更容易染上毒品？

毒品对青少年的诱惑力是相当大的，青少年对毒品的认知不强，还没有建立起完善的是非观，加上社会、学校、家庭对毒品危害的宣传力度不够，面对毒品时，青少年往往无法做到正确应对，很容易就会吸食上毒品。

（1）好奇心作祟，因社会阅历不足而上当受骗

青少年思维活跃度高，对毒品总有无限好奇心，抱着“尝尝新鲜”“吸一口不要紧”等心态，迈出了走向毒品深渊的第一步。而毒贩子利用青少年的好奇心理，采取多种手段引

诱青少年吸毒，加上新型毒品层出不穷，让人防不胜防，致使青少年染上毒瘾，难以戒断。

（2）追求刺激，因认识不够而受亲朋好友影响

盲目跟风、追求新潮是青少年群体的一大特点。调查显示，青少年周围如果有朋友、同学吸毒，往往就很容易在唆使下染上毒品。不少青少年因为对毒品认识不够，认为吸毒很“酷”、很“时髦”，是高档消费和富有的象征，觉得自己做到了别人不敢做的事情，急于证明自己，从而染上毒品。

（3）精神空虚，因缺乏关爱而寄情毒品

一些青少年由于父母离异、家庭缺乏温暖等，内心需要亲密、陪伴、认同、抚慰时无法从家庭获取，只好投向毒品，想通过吸毒麻醉自己。

可以看出，案例故事中的杨小兵母亲早逝，父亲对他疏于管教，他从小就很难从家庭中获取温暖。于是，他为了证明自己，保护自己脆弱的内心，开始模仿着大人吸烟。后来，由于对毒品的认知不足以及错误的人生观、价值观，杨小兵在好奇心的驱使以及周围吸毒人员的唆使下，染上了毒瘾。

### 2. 毒品有哪些？毒品的危害又有哪些？

毒品按广义来分，可以分为传统毒品和新型毒品。传统毒品是从罂粟、古柯等草本植物中提取相关物质后，再进行适当的加工、制作而成，常见传统毒品包括鸦片、吗啡、海洛因、大麻、杜冷丁、古柯、可卡因。而新型毒品主要指通过人工化学合成的致幻剂、兴奋剂类毒品，常见新型毒品包括冰毒、摇头丸、K粉、三唑仑等。

吸食传统毒品，成瘾时间短，吸食者有改变的动机及戒断的愿望，愿意听从家人劝导配合戒毒，但由于成瘾后的顽固性脑损伤，吸食者会出现明显的心理渴求和复吸。新型毒品吸食后较传统毒品出现戒断症状缓慢，开始时几天甚至一个月停吸也无明显戒断症状出现，所以吸食者无改变的动机，在他们看来，吸食新型毒品没有什么危害，并不会成瘾，这种想法在脑中十分顽固，家人很难做劝导工作。事实上，新型毒品成瘾后，危害较传统型毒品更甚，吸食者会出现幻觉、极度的兴奋、抑郁，从而导致行为失控，甚至造成暴力犯罪。因此，毒品的危害应该引起全社会的高度重视。其危害主要如下。

（1）对身体的危害

长期吸毒对人体的毒害主要表现在中枢神经系统上，主要症状有精神萎靡、感觉迟钝、运动失调、出现幻觉、妄想、定向障碍等。

吸毒，尤其是静脉吸毒，对人体的危害最大，也最容易引起吸毒过量而死亡。吸毒者使用不卫生的注射器向静脉注射毒品时，会导致多种心血管系统疾病的发生，如细菌性心内膜炎、血管栓塞、坏死性血管炎、心律失常等。静脉注射毒品还可能导致感染性疾病的发生，最常见的有化脓性感染、乙型肝炎和艾滋病。采用烤吸方式吸毒则容易发生呼吸系统疾病，如支气管炎、肺部感染、肺水肿、肺癌等。

（2）对精神心理的危害

毒品是一种精神活性物质，会导致吸食者出现兴奋、幻觉和思维障碍。毒品不仅摧残着吸食者的身体，更会导致其出现严重的心理问题，吸毒者会为吸食毒品不择手段，从而失去正常人应有的自尊感和道德观，逐步走上违法犯罪的道路。

（3）戒断反应

许多人在没有钱继续购毒、吸毒的情况下，突然减少吸毒量或终止吸毒，会发生各种戒断反应及并发症。轻者出现头昏、耳鸣、呕吐、涕泪交流、两便失禁、浑身打颤，重者则痛如万蚁蚀骨、万针刺心。为了减轻毒瘾发作时的痛苦，吸毒者往往采取各种极其残忍的手段残害自己的身体，如割腕、砍指、切腹、猛撞头部、吞食异物等，甚至采取自杀的方式。

## 专家支招

1. 在家庭教育方面，该如何预防孩子接触吸食毒品？

（1）做孩子的榜样

父母是孩子的第一任老师，父母应以身作则，树立正确的人生观、价值观，对毒品要有正确的认识，明白毒品的危害，和孩子一起学习禁毒知识，共同抵制毒品。

（2）关注孩子的交友情况

朋友对每个人来说都很重要，青春期的孩子逐渐脱离父母的庇护，想要获得同伴的认同和信任。如果结交有不良行为习惯的朋友，很容易影响孩子的一生。因此，遇上吸毒的朋友一定要让孩子远离。

（3）做好监督和管理

青春期的孩子具有强烈的好奇心，凡是被禁止的事物对他们来说都具有吸引力。有非常多的案例显示，青少年在初次接触毒品时并不知道毒品为何物，不但没有远离，反而对它充满好奇，从此走上了不归路。所以，家长对孩子要进行合理引导，避免孩子因好奇、叛逆、抵触等心理接触到毒品。

**2. 孩子染上毒品后，家长该怎么办？**

家长除了向孩子宣传毒品的危害，还需要掌握孩子早期吸毒的有关常识，对染上毒瘾的一般迹象要有所了解。发现孩子有以下异常现象，就要特别提高警惕：

（1）旷课，学习成绩、纪律表现突然变差；

（2）在家中或学校偷窃财物，或突然频频向父母要钱，向朋友借钱，且金额较大；

（3）在家经常长时间躲在自己的房间，远离家人，不愿见人，外出则行动神秘鬼祟，无故出入偏僻的地方；

（4）藏有毒品或吸毒工具，如注射器、锡纸、切断的吸管、烟斗等；

（5）为遮掩收缩的瞳孔，在不适当的场合佩戴太阳镜；

（6）为遮掩手臂上的注射针孔，长期穿长袖，尤其是夏季；

（7）面色灰暗、眼睛无神、食欲不振、身体消瘦、情绪不稳定、异常愤怒、夜间睡眠差等。

家长如果发现孩子吸毒，一定要保持冷静并控制自己的情绪，千万不能盲目批评指责，而应想办法为孩子戒毒。首先，一定要了解孩子为什么会吸毒，孩子接触毒品的方式是什么，必要时报警处理。其次，我国目前的戒毒体系主要有强制戒毒、社区戒毒和一些卫生医疗单位开设的自愿戒毒。如果孩子初次吸毒，没有毒瘾，可送孩子到卫生行政部门批准成立的戒毒医疗机构自愿戒毒治疗。这种医院一般会为患者的隐私保密，信息不会录入公安机关吸毒

人员动态监控系统。如果孩子已经多次吸毒，染上毒瘾，就应当主动与辖区派出所联系，或者拨打 110 报警电话，安排孩子接受社区戒毒甚至进行强制隔离戒毒。

在孩子戒毒过程中，家长要用亲情去感化孩子，对孩子不离不弃，经常沟通交流，帮助孩子建立兴趣爱好，转移吸毒的精神需要，帮助孩子树立戒除毒瘾的信心，鼓励孩子积极勇敢地面对困难。同时，家长不能心软，不能因为看着孩子戒毒“辛苦”，便娇惯放纵孩子复吸毒品。

在孩子戒除毒瘾后，家长应密切关注孩子的方方面面，不给孩子提供复吸的可能，杜绝他 / 她联系以前的吸毒圈子。如果孩子毒瘾较深，强制戒毒后还要及时巩固戒毒成效，继续进行社区戒毒或康复治疗。

预防青少年吸毒是一项长期性的、艰巨的任务，需要个人、家庭、社区、政府等多个主体共同努力。希望通过这些努力，可以让青少年远离毒品，让祖国的花朵都有一个健康幸福的未来。

# 第 12 节
# “请相信我”

刘兴兰　杨　辉

## 案例故事

这一天，小撒的妈妈再次接到老师的电话。这是第几次接到老师的电话，她已经记不清了。

“几天前一位同学的电子手表不见了，今天小撒在学校戴了一块一模一样的表，他坚称这个表是他自己的，但这块表的特征那位同学说得非常清楚，其他同学也认为这表不是小撒的……”

小撒妈妈心想自己从未给孩子买过电子手表，据自己所知孩子也从未有过这样的手表。

“你这个‘坏孩子’‘小偷’‘撒谎精’，你不好好上学，在学校偷东西，尽干些坏事，我辛辛苦苦工作挣钱养你，送你上学，你不好好学习，不走正道……”妈妈朝着小撒怒吼，并将手扬起来想要打他。此时的小撒蜷缩在角落里，低着头，身

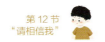

体似乎有些颤抖。这种场景已经不止一次发生了。

“我没偷。这是我在学校捡到的，我也没有注意到有人在找这块表，都过去一段时间了，我以为没有人要了，我才拿来自己戴的。我真的没有偷。请相信我。”小撒的声音低沉得难以听清楚。

小撒 1 岁时父母离异，他自小跟着妈妈长大，爸爸几乎没有出现在小撒的生活中。妈妈忙于生计，早出晚归，基本上是小撒早上还没起床，妈妈就上班去了，晚上已经入睡，妈妈还没有回来，小撒平时的生活都由外婆照顾。外婆喜欢打麻将，小撒一有需要，外婆就只会给钱，这让小撒时常觉得很孤单。一次生病后，妈妈和外婆都回来陪他，他觉得很开心。后来，小撒常常说自己不舒服，久而久之，外婆和妈妈都不再相信他，也不再陪伴他，小撒很失落。此外，外婆还常常对亲戚说小撒从小就爱撒谎。而妈妈脾气暴躁，对小撒缺乏耐心，因苦于生计，妈妈常常偷偷饮酒解忧，被发现了往往也不承认。

自小撒上小学以来，老师已经多次和小撒妈妈沟通小撒在学校的问题，如藏同学的书，把嚼过的口香糖粘在同学衣服上，往同学书包里放虫子，砸坏教室的玻璃，等等。但是，小撒多数时候都不承认这些事是自己做的，有时甚至嫁祸给其他同学。只有当证据足够充分时，他才会承认。渐渐地，同学们都不喜欢他，不愿跟他玩耍。老师发现小撒在学校跟同学交流互动少，很多时候都独自待着，起初以为是小撒内向，缺乏跟同学主动交流的技巧，也曾多次帮助他跟同学一起玩耍和交流，但无论怎么帮助，都没能达到很好的效果。老师经过多方了解，才知道小撒经常在同学面前说假话，谎称自己的爸爸是警察，所以大家都不愿意跟他玩。小撒的外婆发现孩子越来越不喜欢去学校，好几次都表示不想去上学，但这并未引起外婆的重视。小撒妈妈平时工作忙，花在孩子身上的时间少，很少跟孩子深入沟通交流，对于小撒在学校发生的事根本不知情。每次小撒向妈妈说到学校的事，妈妈也都是轻描淡写，不怎么回应。渐渐地，小撒也不主动向妈妈分享自己在学校的经历。小撒意识到同学们都不喜欢自己，不知道怎样主动跟同学正常交往，但是又不敢把自己的困惑告诉家长或老师。

## 专家解析

小撒是个从小被忽视的孩子，选择通过撒谎行为来获得心理需求的满足，但家长并未重视，未积极关注他的心理需求。小撒也不善于表达自己，没能获得相应的帮助。随着年龄的增长，小撒的撒谎行为并未改善，这给他的人际关系造成了困扰，也使他逐渐产生厌学、拒学的情绪和行为。

小撒自小由长辈隔代抚养。小撒的母亲自身缺少支持，在养育方面既缺少技巧，也缺少时间和精力，缺少对孩子的爱心、陪伴及充分有效的沟通交流，对孩子缺乏理解与共情。同时，小撒的母亲未慎重对待老师反映的情况，对待孩子的方式简单粗暴，对孩子成长过程中出现的行为问题没有进行及时正确的指引。

从小撒的成长环境和行为方式角度来看，小撒撒谎的原因主要有以下几方面。

（1）获取关注。小撒自小由外婆照料的时间比较久，但外婆喜欢打麻将，对其需求都是以简单的方式对待，没有真正地去了解和关注孩子的需求；妈妈对其关心很少，平时被自己生活所困扰，只有孩子出现行为问题时才会关注孩子；

小撒在学校里跟同学交流、互动少，也不知道怎么跟同学交往。而当小撒的行为给同学、班级带来一定的影响后，他在学校里才会引起老师的重视，获得老师更多的关注；同时，老师会告知妈妈自己在学校的情况，妈妈就会关注到自己。小撒多次撒谎的行为都满足了自己被关注的需求，而为了进一步满足自己的渴求，他反复采用这样的行为，通过强化撒谎行为来获取关注。

（2）逃避责任，免受惩罚，保护自己。小撒砸坏教室玻璃，按照学校的规章制度，他要承担毁坏物品的责任，但否认自己做过的事实，就可以逃避责任，也可以避免因此遭受的惩罚；小撒的妈妈在得知小撒的一些不良行为后，总是以吼叫，甚至打骂的方式对待他，很难心平气和地和他沟通交流。为了不再遭受妈妈这样的对待，小撒选择不说实话，这样则可以免受妈妈的惩罚，在一定程度上保护了自己。

（3）想要与人交往。小撒自小性格内向，不善言辞，他感到孤独，不知道用怎样的方式跟人交往。因此，小撒选择通过“恶作剧”的方式，让其他同学注意到自己，看到自己的存在。

（4）无法完全区分幻想/想象与现实。小撒的父母早年离异，小撒跟爸爸相处的时间很少。小撒在很小的时候就说自己的爸爸是警察，妈妈则认为孩子从小就是个"撒谎精"。但是，孩子是不断发展的，要根据不同时期孩子的发育特点对孩子的行为进行分析。小撒认为爸爸是警察，可能跟他接触的外界事物有关，比如小撒可能对警察充满崇拜和向往，便把警察想象成自己的爸爸，也有可能受到图片、文字等的暗示，想象自己的爸爸是警察，最后把自己的幻想说成现实。虽然孩子说的与事实不符，但并不能就此认为孩子是在撒谎，因为这个阶段的孩子还不能正确区分自己的想象与现实。在孩子成长的过程中，家长要重视孩子的心理行为在不同发展阶段的特点，不给孩子贴标签，以免强化孩子的不良行为。

## 专家支招

► **对于小撒**

正视自己的行为，对自己的行为后果承担责任。学习正确的人际交往技能，勇敢地表达自己的所需、所想，让别人知道自己的需求和想法，理解自己的感受、行为，跟同学之间建立真正的友谊。遇到困难时要勇敢地告诉家长、老师和同伴，寻求他们的帮助，获得支持。

**▶ 对于家长**

（1）正视孩子撒谎的原因。在案例故事中，小撒戴的电子手表确实不是自己的，从这一角度来看，小撒没有做到诚实。但这次的电子表确实不是小撒偷的，是他在校园里捡到的，事情已经过去好几天，小撒也没看见有同学在找寻这块电子表，因而觉得可能是别人不要了，才把手表当作是自己的。小撒以前确实有过撒谎的行为，但不能以过往的经验来给孩子贴标签，认为他是“坏孩子”“小偷”“撒谎精”等，这对孩子来说是不公正的评价。家长应多关心孩子，了解孩子，加强对孩子在成长路上出现的不良行为的引导，分析清楚孩子行为背后的真正原因，针对具体的原因给予正确的指导。比如案例故事中的小撒，他撒谎的背后更多的是希望获得家长的积极关注，如果家长能够主动满足小撒的需求，小撒也就不会以说谎为代价去获得满足。

（2）以身作则，为孩子树立榜样。“父母是孩子的第一任老师”。小撒的妈妈有酗酒的行为，当外婆不在家时，小撒见过妈妈好多次偷偷饮酒，而当外婆问妈妈有没有饮酒时，妈妈都称自己没有饮酒，外婆也并没有发现妈妈在撒谎。小撒从妈妈的行为中学到了通过撒谎可以掩盖自己的行为，让别人信以为真。当孩子从家长这里学会了通过不诚实的方式可以获益后，也会模仿大人的处事方式来达到自己的目的。因此，家长要注意以身作则，给孩子树立一个正确的榜样。

（3）正确地引导孩子。现实生活中，我们可能为了某些善意的目的而不得不撒谎，也就是“善意的谎言”。如对一个癌症病人，隐瞒真实的病情，是为了不让病人绝望，失去生存的意志。这种情况下的谎言在某种程度上来说是可取的，不会给自己或别人带来伤害。但谎言如果导致他人或自己受到伤害、利益受损或其他一些严重的后果，那么这样的谎言就是不可取的，这样的行为也是不被允许的。当孩子出现不良行为后，家长不应责备或谩骂，而是要了解孩子行为的原因，知道行为可能带来的后果，采取正确的方式引导孩子改善不良行为。

### ▶ 对于学校

适龄的孩子在上学后，其大多数时间都是在学校度过的。因此，学校要多关注学生的动态变化，尤其要关注在某些方面存在一些问题行为的学生，留意他们行为、心理等方面的变化。同时，及时与家长沟通，反馈孩子的情况，达成一致的意见，制订帮扶计划，如同辈帮扶、师生关照、家校联系等，及时有效地纠正孩子的不良行为，并动态评估孩子行为变化情况。

第 13 节

# 手的欲望

程 雪 杨 辉

## 案例故事

小雨就读于某小学，她家境不错，父亲是某公司中层干部，母亲是会计，因此，小雨每个月的零花钱比别的小伙伴都多。但是，小雨在小学一年级的时候，就拿过别人的橡皮、尺子、铅笔刀等小东西，父母从那时起就非常紧张，也因为这件事打骂过她。父母觉得，如果给小雨买足了学习用具，给足了零花钱，小雨应该就不会拿别人的东西了。但是，这并没有让小雨改掉这一恶习，父母后来甚至发现，小雨去同学的家里也会随手带些小玩具回来。而小雨看着父母焦急寻找的样子就感到兴奋，会产生满足感。有一次，小雨偷了班级里成绩最好的小 A 同学的课本，并将课本丢到垃圾堆里。发现课本不见的小 A 急得团团转，而小雨看着小 A 着急的样子，心里有一种莫名的快感。小雨偷过同学的钱、文具、作业本、游戏机等，看着他们焦急

寻找的样子，小雨都会产生一种兴奋满足的感觉。班里的同学起初并没有怀疑小雨，因为同学们都知道她家庭条件很好。但这一次同学设计好了，上体育课前把钱放在书本里，小雨提前回到教室偷钱，便被留在教室躲着的同学发现了。每次小雨被人发现偷拿东西，都会在家人和老师的要求下认错，写保证书，表示不再偷窃，但事情过后不久，她的老毛病便会重犯。小雨的父母痛苦不已，打也打了，骂也骂了，但小雨就是改不了。小雨表示自己并不想要他们的东西，但每次偷完后都会感觉很兴奋。

经过多次和小雨及其父母沟通，老师后来终于发现小雨偷窃背后存在的问题。原来，小雨的父母总是早出晚归忙于事业，回到家里后也是把更多的时间放在她3岁的弟弟身上。父母对小雨管教严格，在家里立下了很多规矩，这些规矩对3岁的弟弟来说却形同虚设。父母总是说小雨太任性，没有弟弟听话，让她多让着弟弟，要有做姐姐的样子。当小雨对父母的偏心表示不满的时候，父母却责备她不懂事，说弟弟小，让她不要跟弟弟比较，要比就在学校里跟同学比学习，学习好了将来才能考个好大学，有个好前途。小雨的父母和老师说，这样做是为了从小培养小雨自强自立的品质。小雨的父母认为，只有具备这些素质，将来女儿才能在竞争激烈的社会中立足。然而，小雨不但没有从父母的严格要求中读懂父母的良苦用心，反而觉得特别委屈。在这个家里，她感觉不到温暖，内心特别孤独。

有一次，小雨偷了家里的钱买了一个玩具，爸爸发现后狠狠地揍了她一顿，妈妈也和她讲了很多道理。小雨觉得，这样做可以得到父母的关注，自己也是被重视的，心理上也就得到了一定的满足。后来，小雨在学校拿同学的东西回家，父母发现后对她进行了批评教育，这让她不断感觉自己被关注、被重视。与此同时，看见同学东西被偷后着急的样子，尤其是成绩比她好的同学，小雨心里的不快和压抑也会减轻很多。

## 专家解析

小雨的偷窃行为不能简单地归咎于道德品质问题，这其实是一种心理障碍的外在表现，即“偷窃癖”，属于习惯与冲动控制障碍中的一种。偷窃癖患者有难以控制的偷窃欲望和浓厚兴趣，并有偷窃行动前的紧张感和行动后的轻松感，因而反复出现无法克制的偷窃冲动。和一般偷窃行为不同，偷窃癖患者偷窃的目的并不是为了个人使用所需或获取钱财，偷窃物品并非生活必需品，也不一定具有实用价值、经济价值和收藏价值，患者可能将这些物品丢弃、送人或搁置一边。偷窃癖患者偷东西不是为了满足个人物质上的需要，主要是通过偷窃获得一种强烈的满足感和被人关注感。他们不会事先计划，也不会想到违法，偷窃只是一个冲动的行为。偷窃癖患者知道这样的行为是错的，也会有罪恶与羞耻感，产生内疚和自责，但就是控制不住自己的行为。

偷窃癖是病理性的，其发病率约为 0.6%，且女孩高于男孩。偷窃癖致病因素和机理较为复杂，往往会受到神经发育、社会生活环境、人格特征和生活事件等的共同作用。有关研究发现，偷窃癖儿童存在大脑发育不良和脑内单胺代谢异常的情况，因此，这类儿童的情感和行为方式与同龄儿童相比有所偏差。偷窃癖外在表现是偷，其根源却是焦虑、抑郁、安全感缺失等不良心理，这多与患者儿时的成长经历有关。患有偷窃癖的儿童多由祖辈监护养育，或父母离异、再婚，与孩子缺少情感沟通。他们在学校多被孤立、惩罚，却又缺少爱和理性的引导，因此也就难以建立自尊自爱。在渴望爱及关注的过程中，他们偶然发现可以通过恶作剧、偷东西等坏行为引起父母的关注，从而获得情感上的满足。当他们的快乐取向与这些不良行为关联在一起时，就会在潜意识中形成一种自我精神补偿，为了获得这种情感的满足，便一次次重蹈覆辙，不断重复不良行为。

## 专家支招

### ▶ 对于孩子

针对偷窃癖患儿，主要采用心理治疗的方式，比如精神分析疗法（和偷窃癖患儿一起探讨为什么要偷窃，设法帮助患儿理清潜意识中的各种想法，特别是童年的精神创伤和痛苦经历，将这些想法带到意识层面，帮助患儿理解并分析这些关系，彻底认识问题行为背后的意义）、精神支持疗法（采用劝导、启发、鼓励、支持等方法帮助患儿认识问题，改善心境，提高信心，消除不良行为）、厌恶疗法（运用观看影音图片、舆论引导、想象等手段使患儿在产生偷窃欲望的同时产生制约感，对患儿起到心理威慑作用，指导患儿当偷窃癖发作时，用弹皮筋等方式惩罚自己，并想象自己被逮捕的情景。反复多次后，患儿就会对偷窃的行为产生厌恶的感觉）等。由于此类患儿常伴有情绪上的问题，如焦虑、抑郁、兴奋等，所以，在治疗该类型患儿时，要根据实际情况所需使用一些抗焦虑、抗抑郁及稳定情绪类药物，如选择性5-羟色胺再摄取抑制类（SSRIs）、苯二氮䓬类等。另外，还要对患儿进行法律常识的教育，让患儿明白偷窃的严重后果，即无论偷窃的动机是什么，偷窃都是一种违法的行为，都将受到法律的严惩。

**▶ 对于家长**

如果发现孩子有偷窃方面的情况，这时候若一味指责批评，就忽视或压制了孩子的精神需求，不但效果不佳，反而会让孩子逐渐形成心理障碍和人格缺陷。父母不要因为孩子的这一坏习惯而讨厌或否定孩子，对孩子问题行为的改正要有信心，积极和孩子沟通，找到孩子爱偷东西的“根源”。任何问题行为背后都有孩子未被看见的心理需求，家长应该积极主动去了解孩子行为背后的情感需要，多给孩子一些无条件的积极关注与关爱，让孩子体会到家是温暖有爱的，自己的情感需要是可以被看见、被满足的，而非对孩子施以冷漠、忽视、羞辱、责备甚至言语及身体的责罚。

当孩子遇到困难时，可以与他们讨论，帮助他们主动控制自己的行为。在充满温暖和关爱的家庭环境中，孩子会逐渐学习用更加具有建设性、适应性的行为来代替偷窃等不良行为习惯进行自我满足，回到正常的生活轨道上。此外，想要彻底治愈偷窃癖，“替代”要比“阻断”更为重要，帮助患儿找到其他能让他们内心感到快乐、充实的方式，改变他们空虚、抑郁的内心现状，这样他们就不需要借助不良手段来获得快感。因此，可以帮助孩子培养新的兴趣，当孩子被新鲜事物吸引时，新的兴趣也许就会随之产生，原来爱偷东西的习惯也就可能随之转移或逐渐消失。

### ▶ 对于学校

学校不能完全用道德品质的标准来评价偷窃癖学生。偷窃一旦被发现，常被认定是行为不良、品行恶劣的表现，对于有这样行为的学生，学校一般采取公开处分、开除学籍等处理办法。这些处理办法可能导致偷窃癖学生的情绪更加低落，甚至滑向无可救药的犯罪深渊。当这些学生的不良行为反复出现的时候，不要认为他们是不可雕琢的朽木，更不要翻旧账，而是应该把他们当作需要帮助的孩子，维护他们的尊严，避免他们自暴自弃。老师需要运用一些心理咨询的技巧，了解事件发生的真正原因，探寻学生内心深处的真实想法，有针对性地帮助学生改正错误，聚焦于帮助他们建立积极且具有建设性的人际关系。

# 第 14 节
# “风云变幻”的小罗

夏平友

## 案例故事

小罗今年 10 岁，是小学四年级的一名学生。小罗的爸爸是一名成功的企业家，心思缜密、做事果断，常年在外工作，少有时间陪伴妻儿。妈妈曾是一名教师，性格温柔，自小罗出生后，便辞职在家专心负责小罗的学习及饮食起居。由于小罗是家中的独子，爷爷奶奶和外公外婆退休后也时常在旁协助照顾他，妈妈和长辈们对小罗都十分宠爱，事事必应，从不轻易责骂，小心翼翼地呵护他成长。就这样，小罗一直在长辈们的宠爱和优越的生活环境中长大，家人们都宠溺地称小罗为家中的“小霸王”。

转眼间，小罗上小学了。上学后的小罗却变得爱撒谎，性格乖张，事事以自我为中心，一遇到不顺心的事就哭闹，做错了事情也会用哭闹的方式来逃避惩罚，时常以“我是不被理解

的人”博取大人们的怜爱。看着小罗“可怜”的样子，家人便也舍不得继续责怪他了。小罗的父母怀揣着“望子成龙”的美好期盼，竭尽所能地为小罗提供良好的学习环境，不管是上名校还是找家教，每一个环节都追求他们能力范围内能做到的最好。父母也总是教导小罗：读书是最重要的事情。小罗无法深刻理解这些事情，也不能体谅长辈们的良苦用心，因而在学习上与父母的要求渐行渐远，时常不愿意学习，无故发脾气。家人为了尽快安抚小罗，就用物质奖励的方式来“鼓励”他。为了能让小罗有更好的学习状态，小罗在家中从来不用做家务，更不用为自己的日常生活琐事烦恼，因为这些事情都已经被妈妈安排好。尽管如此，小罗的成绩在班级中依旧不突出，他在上课时无法专心听讲，时常做些调皮捣蛋的动作，干扰课堂秩序。老师对小罗进行教育批评时，小罗便会做出无理的哭闹行为，以此来逃避批评。小罗也无法和同学们融洽相处，时常因为小事情和同学发生矛盾。渐渐地，同学们都不愿意跟小罗一起玩，小罗在学校里没有了朋友。老师们也为教育小罗感到十分困扰，反复找小罗的妈妈来学校。慢慢地，小罗上学迟到的次数越来越多，每天早晨都要赖床，还总是想找各种理由请假，不愿到学校学习。妈妈起初用物质奖励的方式哄小罗上学，后来发现物质奖励根本不管用，便开始朝他吼叫，但这种方式也没有效果，换来的却是小罗的怒怼。

为了督促小罗上学，妈妈与小罗的关系变得十分紧张。后来，小罗不仅发脾气，还出现了攻击行为。有一天，小罗突然爆发，他大声地斥责妈妈，还把书本撕烂扔到地上，甚至表示“活着没有意思”。妈妈看着这样的小罗，感觉陌生极了，她不敢靠近，怯怯地退到了一旁。自从这件事情发生后，妈妈对小罗上学的事感到身心疲惫，焦虑无措。无计可施后，妈妈将小罗爸爸喊回了家中，共同处理小罗的问题。爸爸回来后，认为小罗只是因为贪玩才不愿去上学，便开始对小罗实施“高压政策”，每天在上学这件事上和他“斗智斗勇”，甚至不惜使用木棍，打得小罗阵阵哀嚎，让家人都心疼不已。就这样，小罗在爸爸的强压下重新走进了学校，按部就班地上学、放学，成绩也有所提高。

可是，好景不长，妈妈后来发现小罗整天都十分疲乏，萎靡不振。不仅如此，小罗的食欲变差，体重也减轻了，每天晚上很晚才睡觉。妈妈认为小罗是因为最近学习压力太大才会出现这些情况，便跟小罗爸爸商量减轻对小罗的管理。如此一来，小罗在学习上便放松了下来，整日对着最喜欢的手机，沉浸在游戏中无法自拔，同时，小罗变得不爱跟家人们说话，面对长辈们的呼唤也不愿回应。看着小罗的变化，妈妈和长辈们都焦虑不已，他们想没收小罗的手机，小罗就以死威胁，他们便不敢继续强迫小罗学习，小心翼翼地顺着小罗的想法。在家人的陪伴下，小罗的情绪慢慢有了好转，但性格却变得十分古怪，常常因为一件小事就情绪崩溃、大哭大闹，更别说向他提有关学习的事情。小罗对家中许多的事情都有了自己的想法，长辈们必须按照他的想法去做，如果没有做到，小罗便会哭闹不止，甚至拿尖锐的物品割伤手臂，威胁着要结束自己的生命，直至大家都依从他的要求，他才肯罢休。看着家里原本平静的生活被小罗扰乱，爸爸既愤怒又无奈，他觉得自己和小罗的妈妈都是高文化水平的人，努力工作，事业有成，对孩子也是尽心尽力，竭尽所能为他提供优越的生活和学习环境，为什么会有如今的局面？原本乖巧听话的孩子为何变成如今这个模样？为了弄清楚原因，小罗爸爸也曾向多方求助，还带孩子去了医院，得到的答复都是孩子出现了青春期常见的情绪问题，并没有获得准确的回应及解决方法。看着孩子如今这副模样，小罗爸爸感觉生活和工作都失去原有的初衷与意义，整日感到焦虑与无助，时刻期盼着有人能告诉自己该怎么办。而小罗依旧是隔三岔五地发脾气，父母的忍让也没有换来他的改变。父母感到心力交瘁，有时真希望没有小罗的存在，他们也有了想死的心。

最终，小罗爸爸经过多番咨询后，在儿童医院医生的建议下，和小罗妈妈一起陪同小罗到精神心理专科医院寻求帮助。后来，小罗被诊断为“间歇性暴怒症”，无明确的精神病性症状，存在某些行为障碍，分析病因更多的是社会家庭因素。医生给小罗制定了诊疗方案，对小罗进行了家庭心理治疗及行为矫正治疗。经过三个月的治疗，小罗不再那么冷漠无情，懂得关心父母，脸上也恢复了灿烂的笑容。经过一年的持续治疗，小罗完全恢复了。现在的小罗充满爱心，有积极阳光的心态，小罗还说，等自己长大了，也要当一名心理治疗师。

## 专家解析

间歇性暴怒症属于冲动控制障碍的一种，患者常因小事大发雷霆，情绪无法控制，且暴力的程度会不断升级，开始可能是口头的威胁或者谩骂，然后就可能出现损坏财物，最后可能会出现伤害人，尤其是伤害亲人、朋友的情况。间歇性暴怒症患者事后没有自责、内疚的情感体验，因此，患者不会反思，也不会修正自己的习惯。间歇性暴怒症患者往往有其个性特点，比如脾气急躁，没有耐心，以自我为中心。间歇性暴怒症常出现于青春前期或青春期，时常被家长认为是青春期叛逆而被忽视。未成年人出现情绪控制障碍的问题，其实更多反映的是成长烦恼问题及适应障碍问题。

## 专家支招

### ▶ 对于小罗

向小罗呈现父母的真实情绪和感受，让小罗明白，孩子的成长离不开父母的呵护，因此，不要把父母的呵护与爱无限透支或践踏，应学会换位思考，试着理解父母。同时，要知道自己是给自己的未来“买单”的人，所以从小就应树立对自己的言行负责的观念。

### ▶ 对于家长

在孩子成长过程中，既不能对孩子一味满足或妥协，也不能一味打击或贴标签。试着放下家长的权威，去共情孩子的情绪，探索孩子情绪、言语及行为背后的原因。听孩子的心声与呐喊，给孩子多一份关爱、支持与理解。家长可以尝试做到以下方面：

（1）待孩子平静后，和孩子讨论愤怒的原因，是因为学习的压力，友谊的问题还是家庭的冲突。对孩子的负面情绪和冲动行为，不要过早进行评判，学会站在孩子的角度思考问题。

（2）学会倾听。少说多听，花一些时间与孩子交流，了解孩子的经历和感觉。

（3）积极肯定孩子的良好表现。当孩子出现愤怒情绪时，对他勇敢地表达情绪表示认可。若孩子以合理的方式表达愤怒情绪，请赞扬他们，并鼓励他们继续这样做。

（4）有幽默感。当孩子不能及时处理情绪时，会容易陷入极端。有时适当使用幽默，如说一些有趣的话或开个玩笑，可以放松他们的心情，也教会他们用幽默的方式处理不良情绪。

（5）对于孩子不合理的要求，要在说明道理的情况下拒绝，同时，当孩子提出合理要求时，接受并尝试做出他们期望父母所做的回应。因为失望可能会导致愤怒，所以，不管是拒绝还是接受，都需要向孩子说明原因。

（6）让孩子坚持锻炼。锻炼是改善情绪的一种好方法，可以防止愤怒情绪积聚。因此，请让孩子坚持体育活动。当然，对一些人来说，冥想也是放松身心的好方法。

（7）管理自己的情绪，同时帮助孩子控制情绪。试着去理解孩子的挣扎，并在他们与情绪作斗争时给予一些支持。家长也要努力做一个情绪稳定的人，为孩子树立榜样。

## 第 15 节
# 无法管教的“顽童”

张坛玮

### 案例故事

小亮是一名小学二年级的男生，从小就调皮捣蛋，活泼好动，脾气也很暴躁，经常和父母对着干，拒绝一切建议，父母对此很是头疼。在小亮一年级的时候，有一次，妈妈不允许他去河边和小朋友玩。小亮当时很生气，觉得妈妈太过小心，和妈妈产生了激烈的争吵，第二天早上他还怀恨在心，知道妈妈要去上班，就把妈妈的包藏起来报复妈妈。妈妈因此特别伤心，觉得自己一切都是为了孩子好，结果孩子一点也不领情，反而做出这样的事。

父母本以为经过学校老师教导和同学相处之后，小亮会逐渐改掉坏习惯，没想到在上学的过程中，各种各样的问题依然层出不穷。以前小亮只在家里和父母、爷爷奶奶顶嘴，现在在学校里，小亮也很容易和老师、同学发生冲突。在课堂上，小

亮不仅自己不学习，还影响其他同学听课，例如把同学的板凳踢倒，偷偷藏起别人的课本，嘲笑老师的长相，等等。课间活动的时候，这种现象更是严重，比如故意踩掉别人的鞋子，揪女同学的辫子，抢别人的文具课本……老师悉心教导小亮，告诉他这样做会给同学带来困扰，扰乱班集体和睦的氛围，同学之间应该互相尊重，希望他向同学道歉，小亮固执地认为是别

人先招惹他，所以不愿和同学好好交流。回到家中，小亮心情很沮丧，他把自己关在卧室里不出来。父母一和他说话，他就对着父母发脾气。小亮总是有自己的一套说辞，父母有时都辩论不过他。

因为小亮总是和同学闹矛盾，很多同学都不愿意和他玩，他的性格也变得孤僻起来。上周老师组织大家去春游，小亮不愿意去，他觉得自己没有朋友，大家都不和他玩，他还不如在家玩游戏……

为此，小亮的父母心烦不已，他们不知道孩子怎么了，孩子才上二年级，管教起来就力不从心了，他们也不知如何是好。

## 专家解析

1. 案例故事中的小亮不听管教、易发脾气，遇到问题强烈争辩、责怪他人，这些特性已经影响到他的日常生活，家长要警惕小亮可能患有对立违抗障碍。

对立违抗障碍（oppositional defiant disorder，简称 ODD）是一种行为障碍，其基本特点是持续性地对同龄人或家长、老师等权威人物怀有敌意，存在不服从、易激惹、挑衅和敌视行为。对立违抗障碍在普通人群中的发病率为1%～16%，注意缺陷多动障碍（ADHD，简称多动症）合并对立违抗障碍在我国儿童中更为常见。一般情况下，对立违抗障碍发生在8岁之前，患有对立违抗障碍的孩子表现出来的症状包括：

（1）经常发脾气；

（2）通常比较敏感或容易被激惹；

（3）经常生气和怨恨他人；

（4）常与成人对抗、争吵；

（5）常主动反对或拒绝遵守成人的要求或规定；

（6）常故意激怒他人；

（7）常把自己的错误或做的坏事归咎于旁人或客观环境；

（8）在过去的6个月中，至少有2次怀恨在心或报复行为。

需要注意的是，如果有些孩子只有这些症状中的一两个行为，且行为持续时间不长，不能被诊断为对立违抗障碍；

如果以上8条中满足至少4条且持续6个月及以上，且行为障碍导致明显的社会、学业或职业的功能损害，排除精神病性症状、情绪障碍、品行障碍、人格障碍等，那么可充分怀疑是对立违抗障碍。患有对立违抗障碍的男孩和女孩在行为表现上可能有些不同，男孩可能较多表现为反抗、攻击、破坏、暴躁、违规行为、侵犯财物等；女孩较多表现为害羞、退怯、自卑、焦虑、恐惧、躲避集体活动、冷漠、过度敏感、哀伤等。

2. 对立违抗障碍的明确病因目前尚不清楚，但诸多研究表明该病是心理、社会和生物因素共同作用的结果。以下是几种可能的影响因素。

（1）不当的教养方式。父母过于严格的教养方式，例如对孩子的“不良行为”不断提醒、责备、惩罚，试图让孩子变得“听话”，这种对不良行为的过度关注会增加不顺从的强度和频率，使不良行为重复出现。当孩子的目的、行为受阻或被迫中断时会产生挫折感，从而引起对立违抗行为。相反，如果孩子在做出一些破坏性行为，例如挑衅他人时，父母不制止或不管教，孩子就会认为这样的行为是被允许的。

另外，如果家庭成员在孩子成长过程中对孩子关注不够，孩子也可能通过这种对立违抗行为引起家长的注意。

（2）遗传和生物因素。对立违抗障碍和遗传因素有关，而且是多基因遗传，有抑郁症、多动症家族史的儿童患对立违抗障碍的风险也会更高。一些研究提示，患有对立违抗障碍的孩子大脑中涉及自我调节，进行社会行为和情感反应部分的大脑区域与正常人群有所差异，这可能是导致对立违抗障碍的潜在原因。

（3）认知和社会能力发展问题。注意困难、行动控制困难、言语困难、问题解决能力不佳、缺乏社交技能等也可能导致对立违抗障碍的产生。

### 3. 对立违抗障碍儿童中大约有 14% 是 ADHD，但二者也存在明显区别。

（1）ADHD 患儿也会出现对立违抗的行为，但是这些行为往往是在事件发生的当时会出现，并且这些行为消失得很快，而 ODD 患儿的症状是一直持续的。

（2）ADHD 患儿出现顶撞家长和老师等的行为一般是一时冲动，而 ODD 患儿出现此类行为往往是有明确意图的。

## 专家支招

### ▶ 对于孩子

**1. 心理治疗。**孩子出现对立违抗障碍，需要进行积极的心理治疗。常用的心理治疗方法有认知行为治疗、家庭治疗以及团体治疗。

认知行为疗法是一种通过改变思维和行为方式来帮助解决问题的心理治疗方法，它主张情绪是由人们对所遭遇事件的信念、评价和解释引起的，事件本身并不能引起情绪。通过这种治疗方法，可以帮助孩子了解其为何会产生对立违抗行为，教会孩子一系列控制情绪的方法，在面对问题时应该关注什么、不应该关注什么，从而避免情绪的爆发，学会更好地沟通和解决问题。

家庭是影响孩子最深刻的环境因素之一，很多对立违抗障碍孩子的家庭本身就存在比较严重的问题，因此，家庭成员一起接受心理治疗是非常必要的。家庭治疗运用系统思维，创造性地将家庭看作是一个有机整体，挖掘人际关系中的相互作用，进而从成员情感冲突的根源上解决问题。在家庭治疗结束后，家庭成员要养成自行省察、改进家庭病理行为的能力和习惯，并维持已纠正的行为，以此来促进家庭成员之间健康有效的沟通，提高解决问题和应对风险的能力。

很多患有对立违抗障碍的儿童因敌对、挑衅等行为影响到自身的人际关系。在团体心理治疗中，通过小组内人际交互作用，孩子们在互动中通过观察、学习和体验去认识自我、探索自我及接纳自我，调整并改善与他人的关系，学习新的态度与行为方式，促进良好的生活适应。

**2. 药物治疗。**对于那些心理治疗效果不好或存在共病的患儿，药物治疗会有更明显的疗效。当孩子在情绪控制和攻击行为方面有较严重的问题时，家长要有带孩子去医院就医并听从医生建议服药的意识。一些抗抑郁、抗精神病类的药物在治疗对立违抗障碍问题上十分有效。

### ▶ 对于家长

1. 家长应该获取有关对立违抗障碍的正确信息，包括成因、发展、应对方式等，在了解、理解、接纳孩子的基础上再对教养方式进行调整。

2. 家长应该接受系统的培训，改变对待孩子的方式，学会分析孩子相应行为背后的原因，改变不良的教育方法，重新建立良好的亲子关系及学会科学的行为问题处理方式。例如学会如何与孩子沟通，如何积极关注，如何与孩子协商，如何恰当鼓励、表扬及惩罚等行为干预技巧和教育方法。

**▶ 对于学校**

加强对老师在儿童青少年精神心理问题上的培训，对于对立违抗障碍的孩子，应避免严苛的约束和惩罚。老师应该以积极的态度去帮助学生之间建立和谐的人际交往关系，缓解他们的心理健康问题。

# 第 16 节
# “神奇毫毛”

陈界衡

## 案例故事

小孙出生于一个对其有过高期待的家庭，她的父母均为学校老师，从小对她的学业就比较看重，因此，小孙在学校里总会努力学习，几乎将自己所有的时间都花在学业上。当然，她的努力也收到了回报，小学期间，小孙一直都是品学兼优的学生。不过，这一切在小孙上了重点初中后却发生了变化。在这所中学，学生们都是该地区的学业优秀者，小孙开始感到自己越来越泯然众人。当小孙将成绩拿给父母看时，父母露出的失望眼神让她难以忍受。慢慢地，小孙开始恐惧考试，每次考试都会感到焦虑烦躁。在一次考试的间歇，小孙因头部瘙痒，便拔掉了自己鬓边的一根头发。在酥麻的疼痛中，小孙好像能够短暂地遗忘烦躁不安的感觉，她开始意识到自己好像拥有了处理烦躁的武器，那就是自己的“神奇毫毛”。在小孙的意识中，这就像童年英雄孙悟空的三根毫毛一样，拥有了它就可以去面对自己的焦虑及恐惧。但小孙忘记了关键的一点，那就是孙悟空的毫毛可以再生，但是她的“神奇毫毛”一拔掉就没有了。小孙每次在镜子前看到自己日渐减少的头发，都想过要停止这种行为，但是在下次考试时，她还是会忍不住去做。直到某天，小孙的班上在放一部英语电影，小孙起身上厕所，放映机的白光正好照在了她头部的位置，在白光下，小孙的头上出现了明显稀疏甚至斑秃的地方。同学们不由自主地发出嘲笑，甚至有淘气的同学大声地说着“快看她的头发”，小孙赶忙逃出了教室。自此以后，小孙开始变得越来越自卑，不管是冬天还是夏天，小孙都戴着厚厚的帽子，也越来越不喜欢与人交流与沟通。

## 专家解析

### 1. 小孙的行为表现符合拔毛癖的症状。

拔毛癖是一种以反复拔除自己或者他人毛发为主要表现的强迫性相关精神障碍。患者常因反复拉扯、扭转、摩擦毛发导致脱发，感到焦虑和痛苦，有的患者社会功能（如社会

交往能力）也会因此受影响。拔毛行为常发生在卧床休息、阅读、看电视或做作业时。拔毛癖的诊断要点有：

A. 反复拔自己的毛发而导致脱发；

B. 重复性地试图减少或停止拔毛发；

C. 拔毛发引起具有临床意义的痛苦，或导致社交、工作或其他重要功能方面的损害；

D. 拔毛发或脱发不能归因于其他躯体疾病（如皮肤病）；

E. 拔毛发不能用其他精神障碍的症状来更好地解释。

研究发现，拔毛癖可能与某身体部位的反复行为（如皮肤采摘和咬指甲等）存在相关。有研究证实，拔毛癖患者更容易罹患强迫症（OCD），且可能同时患有进食障碍和躯体变形障碍。

**2. 拔毛癖可能是一个单独的症状，也可能是精神紧张焦虑等心理因素或家庭因素所致。**

拔毛癖的流行病学特征及可能的成因如下。

（1）流行病学特征

全球人口中，拔毛癖患者比例的估计值已经从 1% ~ 3% 上升到 5%。拔毛癖在我国的发病率不详，在美国的发病率约为 1%。女性较男性更容易患此病，据估计，女性一生中发生拔毛癖的概率为 0.6% ~ 3.4%，而男性为 0.6% ~ 1.5%。拔毛癖的患者遍及各年龄层，20 岁以前较常见，症状开始发生的平均年龄在 9 到 13 岁。学龄前儿童中，男女患者各占一半；青春期前至青少年时期，女性患者较多，所占比例在 70% ~ 93%。受到社会大众观念的影响，拔毛癖患者往往会隐匿自己的病情，因而很难确切估计拔毛癖的盛行率。近年来，报告的拔毛癖案例逐渐增加，或许是因为社会赋予拔毛症状的污名已经逐渐减少。

（2）可能的成因

①生物因素。拔毛癖具有家族遗传性，有证据指出，患拔毛癖的倾向与基因有关。另有研究初步发现，部分神经生理因素（如多巴胺、激素）可能与拔毛癖的发生有关。

②心理因素。部分学者认为拔毛行为是一种先天的、应对负面情绪的方式。当面对压力、抑郁、无聊、孤独等负面情绪时，会出现拔毛行为，拔除毛发后，紧张情绪得以缓解。由于情绪的好转，拔毛行为会不断加强，最终形成习惯，即患者把拔毛当作释放压力的一种方式。

③父母教育方式。儿童出现拔毛行为后，父母未正确引导，或者父母存在拔毛行为，儿童进行模仿，都会影响拔毛癖的形成。

## 专家支招

### ▶ 对于孩子

（1）梳头发而不是拔。

（2）在心里一遍遍默念“每根头发都属于我”的想法，直到拔毛的冲动停止。

（3）帮助别人，反过来别人也会帮助你，从而提升自信。

（4）在手上喷上一些有味道的液体（如香水），这样就可以在你拔毛的时候意识到并停止。

（5）命名要拔出的头发。虽然听起来有点傻，但也有可能有效。

（6）用本子记下拔毛的时间和当时的感受。

（7）找一顶假发，每天盯着它看。对于许多人来说，看到头发就可以引发头发拉动行为。每天盯着一顶头发而不去拔，让自己暴露在随后的焦虑之中，最终会导致焦虑减轻。

（8）戴一整天假发，直到上床睡觉，然后戴上头巾（仅在前两周左右使用）。

（9）好好照顾头发。欣赏自己拥有的头发，它将为你提供成长所需要的勇气。经常洗头发，并尊重自己的头发。

（10）想象一下自己的生活没有拔毛癖会怎样。

（11）拍下拔毛的部位并将它们贴在自己经常能看到的地方。经常看到这些照片时，便不会想拉头发。

（12）养一只宠物。有时只需将手触摸宠物的皮毛就能缓解焦虑。

（13）告诉朋友和家人，如果他们看到自己在拔毛就制止。

（14）传播关于拔毛癖的信息。有时告诉其他人自己的病情，会有助于病情的好转。

（15）了解身体的需要。了解身体是否疲倦、饥饿、困倦和兴奋。大声告诉自己需要什么，然后去做。

（16）睡觉前远离刺激，不喝咖啡或茶。睡前常常是很多人拔毛的时间。

（17）找到支持小组，共同克服。

（18）找到其他与手有关的事情，如手工作业、运动（如举重）等。

（19）制定一个目标。比如一个小时不扯毛发，然后继续延长时间。

### ▶ 对于家长

降低对孩子学习上的过分期待，对孩子的进步及努力多加肯定。同时，重视孩子头发减少的情况，如有需要，带孩子到医院的皮肤科就诊并进行相关治疗。如果情况比较严重，可以到精神心理科或者心理咨询机构求助。最重要的是，家长要构建轻松和谐并且能让孩子主动交流的家庭环境。

### ▶ 对于学校

学校和老师应重视存在拔毛癖问题的学生的心理健康

状况。第一，不对其施加过多学业压力，鼓励学生放松心态，尤其是面临考试时；第二，可以在平时对其进行心理辅导；第三，与学生家长就学生的拔毛行为背后的心理成因保持有效的沟通，共同关心学生心理；最后，应在学校、班级中引导学生们建立相互理解和关心的氛围，而不是相互取笑。

# 第 17 节
# “赌圣”

唐德剑

## 案例故事

楚霖是一名初三男生，生活在某城市，家里有五口人，包括父母和他的外公外婆。楚霖家经营着一家小卖部，经营状况良好，但需要全家人起早贪黑地投入其中。因此，在楚霖很小的时候，家人对他的陪伴就较少。但因家里只有这一个孩子，加之家人因陪伴较少而产生的愧疚心理，家人对楚霖物质上的需要都尽可能满足。楚霖的零花钱比同一小区的孩子要多得多，他也愿意与小区的小伙伴们分享，慢慢地，楚霖成了这个小区孩子中的中心人物。

父母对楚霖的教育非常看重，希望孩子以后不再重复他们走过的路，做劳累的工作，因此，即便负担很大，父母也坚持将孩子送到当地最好的私立学校就读。小学时，楚霖的成绩尚可，加之性格外向，即使自己家庭的收入比不上其余同学，他也不会觉得自己比其他人差。小学毕业的时候，楚霖凭借自己的努力，通过择校考试进入了当地最好的私立初中。

上初中以后，楚霖发现，虽然自己很努力，但仍然无法在班级里获得很好的名次。步入青春期的同学们也开始互相攀比，包括成绩、吃穿用度等。楚霖一直都记得他在第一次上体育课时，因为自己穿的体育鞋而遭到了其余同学的歧视。因为楚霖的成绩和家庭背景，他在班级中慢慢被边缘化，班上同学甚至不叫他的名字，而是用“那个崽儿”来替代，这对楚霖来说是难以接受的事情。楚霖想通过成绩来获取同学们的尊重，因此向妈妈提出报补习班的要求，并且在初一的暑假疯狂上了许多补习班。开学后，楚霖的成绩有所提升，但仍没达到让同学对其高看一眼的程度，他感到十分失望与无助。这个时候，楚霖想到自己小时候因为有零花钱在同伴中拥有地位的情景，于是，他开始不断地向家人索取金钱，通过物质手段来改善与同学间的关系。开始时，家人满足了他的要求，但持续一段时间后，家人觉得楚霖花钱就像“无底洞”，便对他的花费进行了严格的限制。刚尝到甜头的楚霖不愿停止，偶然间他在手机中发现了某个网络赌场的广告，便抱着试一试的心态进行尝试。一开始，楚霖谨小慎微地进行赌博，一段时间后，楚霖感觉自己赢多输少，便向周围的同学借钱进行赌博。因为一开始赢钱，楚霖甚至会多还钱给同学，所以同学也愿意借钱给他。楚霖依靠赌博获取了自己想要的东西，他也越发地沉迷其中，赌博的金额也越来越大。随着时间的推移，楚霖发现自己在赌博中输的次数越来越多，自己欠的钱也越来越多，但他没有停下来，反而去找更多人借钱，甚至偷取外公的身份证去借高利贷，期待着自己一朝回本。

楚霖的父母是在接到一个莫名的

催债电话后才知道孩子有赌博行为的，发现这一情况后，父母对楚霖进行了极其严厉的教育。楚霖却一直强调自己可以把钱赢回来，现在停下来，之前的损失就没有办法弥补了。父母对楚霖的言论十分失望，也怕楚霖回到学校后再次赌博，便向学校反映情况，安排楚霖休学，并且让楚霖的外公全天候监督楚霖。但是，楚霖难以停止自己的赌博行为，他仍会趁着家人熟睡后偷取手机进行赌博。

家人再一次发现后，开始意识到楚霖对赌博已经明显上瘾。最后，家人向医生寻求帮助，带楚霖进行了系统的药物以及心理治疗。

## 专家解析

### 1. 正视赌博成瘾

赌博成瘾（pathological gambling）又称病理性赌博，指赌者对赌博活动产生向往和追求的愿望，并产生反复从事赌博活动的强烈渴求心理和强迫性赌博行为。研究表明，有赌博问题的人数大约占人群的5%，而真正到达赌博成瘾的人

数占 0.5% ~ 1%。《精神疾病诊断与统计手册》（第 5 版）关于赌博成瘾的诊断标准为：持久和反复的有问题的赌博行为，引起有临床意义的损害和痛苦，个体在 12 个月内出现下列 4 项或更多的表现：

（1）需要加大赌注去赌博以实现期待的兴奋；

（2）当试图减少或停止赌博时，坐立不安或易怒暴躁；

（3）反复失败的控制、减少或停止赌博的经验；

（4）沉湎于赌博（如持续重温过去的赌博经历，预测赌博结果或计划下一次赌博，想尽办法获得金钱去赌博等）；

（5）感到痛苦（如无助、内疚、焦虑、抑郁）时经常赌博；

（6）赌博输钱后，常常试图再次赌博“追回”损失；

（7）对参与赌博的程度撒谎；

（8）因为赌博已经损害或失去重要人际关系、工作或教育机会；

（9）依靠他人提供金钱来缓解赌博造成的严重财务状况。

同时，除以上 9 种情况之外，赌博行为不能用躁狂发作来更好地解释。

## 2. 赌博成瘾的影响因素

（1）生物因素。目前的研究结果表明，赌博成瘾可能与遗传素质、大脑结构改变和功能紊乱、神经递质（多巴胺、5-羟色胺和去甲肾上腺素）水平异常等有关。

（2）心理因素。

①认知偏差。赌博成瘾者之所以持续赌博，是因为他们持有一系列的认知偏差，使得他们过高估计了获胜的概率。这些认知偏差包括控制幻觉、赌徒谬误、迷信心理、差点赢心理、知觉幸运、过度乐观、记忆偏差等。

②人格特质。对赌博成瘾者人格特质的梳理发现，他们往往具有高神经质（情绪不稳定）、低尽责性的特点，面对现实问题时，往往会采用适应不良的应对方式。

（3）社会因素。基于社会学习理论，父母和朋友的赌博行为以及对赌博的赞同态度会增加青少年的赌博成瘾严重性，青少年可以通过父母和朋友的赌博行为学习赌博规则和技巧，提高参与赌博的能力。其他社会因素诸如赌博广告、赌博游戏机制等都会影响赌博成瘾的形成。

## 专家支招

### ▶ 对于孩子

（1）觉察自己的冲动，当冲动来临的时候，学习一些放松的技巧来放松自己的身体，或者转移注意力。

（2）找到支持自己的朋友、家人，告诉他们自己的感受，可以减轻焦虑和冲动。

（3）与冲动共处。冲动就像冲浪，会有最高点，也会减弱至消失。我们控制不了波浪，但能学会冲浪。随着与冲动共处次数的增加，往后的冲动便会越来越少。

（4）记下赌博对自己的影响及戒赌的原因，最好用表列出来，并放在显眼的位置，如手机桌面等。

（5）进行自我对话。

（6）学会说“不”。遇到容易诱发自己冲动的情境或场合，果断走开。

如果觉得冲动很难控制，可以求助于专业的心理工作者，帮助发现自己的优势和资源，找到其他恰当的方式满足自己的合理需求。

### ▶ 对于家长

家长在养育子女的过程中，往往没有意识到自己的陪伴对于孩子的重要性。可以进行家庭心理治疗，意识到陪伴的重要性，在陪伴中发现孩子在此之前被忽视的需求，和心理治疗师一起探讨如何通过合理的方式满足孩子的需求。

### ▶ 对于学校

需要正视学生群体中出现的攀比现象，以及由此引发的小团体和同伴排挤等现象。对于这些现象的出现，需要进行针对性的教育，比如，可以在校举行相关的讲座，以传递正确的金钱观。

# 第 18 节
# 管不住先生

黄文强

## 案例故事

小乾是某一线城市一所重点高中的学生。小乾的父母出生在农村，经过他们自己的努力，成为城里的中小学老师。由于父母从事教育行业，再加上自己既往的经历，他们都希望自己的孩子能考一个好的大学，拥有一个好的前程，因此，父母对小乾的学习从小就做出了严格的要求。比如，小乾在小学阶段已经被当地一所一流初中提前录取，但由于这所初中不是当地最好的初中，父母仍旧要求他继续努力学习，提高分数，争取考入全市排名前二的高中。小乾中考考上了很好的高中，但在暑假，父母即刻让孩子提前学习，争取在高中的学习上赶超其他同学。父母平时习惯用学习成绩对孩子进行评价，对小乾的行为也会严加管控，跟学习有关的事能得到允许，而与学习无关的事，如体育运动、和朋友交往等却很少同意，很少考虑小乾的感受。即使小乾跟父母交流，父母也会通过各种方式限制他。生长在这样的环境下，小乾对自己在学习上的要求也很高，觉得学习就是自己的事，成绩是天大的事，自己的其他需求虽然也很重要，但是考虑到父母对自己的要求和付出，也就顾不上了。

小乾随后进入了市重点高中。班上的高手很多，自己的成绩在尖子班排到了 15 名左右，在年级上排在 40–50 名。小乾的学习压力变大了，不管他怎么努力，成绩排名都不能进步，他也会时不时出现情绪失控的情况。比如，班上成绩中等的同学向他请教学习问题，在最开始的时候，小乾能仔细聆听，并且告知同学具体的解题方法。但一旦小乾讲了一次，对方不理解或询问时间过长，小乾就控制不住地大声叫喊，还会很凶地贬损对方，有时甚至会狠狠地把书扔到地上。小乾在平时是个性格平和、很有礼貌的孩子，但当同学或其他事情耽误了他的学习，他就莫名地心烦、紧张起来，觉得如果这样一直拖延或消耗下去，自己就无法把时间更多地放在学习上，时间越长，小乾内心的紧张感就越强烈，有时甚至能感受到自己被逼疯、压垮。一旦这时，小乾就会出现大声叫喊、贬损对方、扔东西等行为。小乾知道这些行为是不对的，所以一遇到这种情况，就试着给自己做心理建设，在心里默默对自己说：“没事的，没事的，时间多的是，不差这一点点的……”但是，这种方法作用不大，无论他怎么努力控制，好像都无济于事。说来也奇怪，每次情绪爆发后，那种无助的压力感反而减轻了，自己也能在这种相对稳定的心理状态下认真学习一段时间。当月考、期中考试、期末考试临近时，这种紧张、无助、巨大的压力感又会再次出现。

小乾最开始出现这种情况时，老师觉得很不能理解，毕竟小乾平时是一个随和上进的孩子。所以，老师把这种事当成同学与同学之间的矛盾冲突来处理。老师一方面让小乾跟其他同学道歉，另一方面让其他同学不要太计较小乾偶尔出现的失控行为。小乾觉得自己对待同学的方式确实不对，所以也愿意向同学道歉，同学也没太当回事，仍然和以前一样和小乾正常相处。小乾的父母知道这件事情后，第一反应是觉得很奇怪，他们认为孩子品学兼优，为何会时不时地控制不住情绪。他们在跟小乾交流的过程中，没有认真仔细地询问小乾具体遇到了什么样的困难，而是教导他可以不用抽时间去管同学的问题，应该把更多的精力放在自己的学习上，成绩上来了，这些问题自然就没有了。但是，随着时间的推移，小乾的这种情况出现的频率越来越高。慢慢地，同学们也开始疏远小乾，以前跟他关系很好的同学也不再继续跟他玩了。老师从最开始认为这只是同学之间一时的冲突和误会，慢慢觉得小乾可能就是一个比较小气、情绪不稳定的同学。老师虽然多次给小乾做思想工作，却也没有什么用。小乾每一次情绪失控，都会让老师和同学感到难堪，而且他就像一个不定时炸弹，谁都不知道他什么时候会爆发。老师觉得很无助，只能让其他同学注意自己的言行，不要去激怒小乾。

随着同学们越来越孤立小乾，小乾自身的压力也越来越大，学习时经常注意力不集中，记忆力下降，有时脑子就像一团浆糊，变得不灵光。最近的几次考试，小乾的成绩出现明显下滑，从班级的 15 名左右下降到 30 多名。此时的小乾压力更大了，不管是上课时同学不小心碰到他的手，还是写作业时思路被同学的讲话打断，他都控制不住自己的情绪，大声吼叫、扔本子、踹桌子，让整个班级都惶恐不安。由于小乾越来越无法控制自己的情绪，成绩也不断下滑，在老师的建议下，小乾只好休学回家。

## 专家解析

案例故事中小乾的表现在医学上被称为间歇性暴怒障碍，属于冲动控制障碍的一种。间歇性暴怒障碍患者常因微不足道的小事引发暴怒，发作时丧失控制能力，冲动行为发生以后，患者对其冲动行为有明显的不安、后悔或内疚感，而在间歇期个体无任何攻击行为。间歇性暴怒障碍患者采取不当行为的目的仅仅是获得心理上的满足或解除精神上的紧张感，实施行为后，患者会感到愉快和满足。

间歇性暴怒障碍与遗传及患者大脑中的神经递质异常有关，同时也与父母对儿童的过度控制和限制以及个体在童年期存在不愉快或失常的经历有关，冲动性、攻击性行为的产生可能是出于对童年时期失落感的补偿，以及想要摆脱父母及社会对自己的限制。

小乾出现间歇性冲动性、攻击性行为并非因为他品格方面存在问题，这一问题更多与家庭教养模式、社会要求及个体的生理情况有关。因此，需要从多个维度帮助小乾及小乾的家庭。

## 专家支招

### ▶ 对于小乾

探索自己的真实困难及问题，尽可能客观地认识自己现阶段的条件及能力，不对自己作超出自身能力范围的要求。反思自己在什么样的情境下会出现情绪失控及冲动性、攻击性行为，在平时的生活及学习中避免或远离这些情境。在情绪稳定期，思考不良行为给自己带来的负面影响，并且根据自己的人格特点及行为习惯设计适合自己的更合理的行为来替代冲动性、攻击性行为。在平时与父母、老师及同学交流的过程中，要敢于表达自己合理的需求，如果对方不给予满足，自己也要保留这部分需求，要么根据自己的条件去创造，要么等待一个更好的时机跟对方再次沟通。

### ▶ 对于家长

同学校一样，不应武断地将孩子的行为归因为个人的品格或道德问题，采取了解和理解，而非批评和谴责的态度。更重要的是，在平时与孩子相处的过程中，要把孩子学习和生活上的选择权和决定权逐步交给孩子自己，只要不是原则问题，就应该尊重孩子的意见，不过度控制孩子。注意不同年龄阶段孩子的心理及生理需求，给孩子创造娱乐的条件及时间。如果与孩子在价值观等方面存在冲突，则应该共同商讨，一起寻找双方都可以接受的方案，并予以执行。如果孩子长时间出现间歇性冲动性、攻击性行为，需要及时带孩子到精神科或临床心理科诊治。

▶ **对于学校**

了解小乾的间歇性冲动性、攻击性行为不是品格及道德上的问题，而是在面临巨大压力、心情极为紧张下的自我保护行为，不应只对学生进行一味地批评和谴责。确保周围环境的稳定，避免学生的冲动性、攻击性行为对学生自己及他人造成伤害，多跟学生沟通交流，共同探讨什么样的情境和环境会使其出现冲动性、攻击性行为。对班级其他同学进行引导，了解小乾现阶段面临的真实困难，让班级的同学不要孤立小乾，同时可以告知班上其他同学小乾在什么样的情境中情绪容易不稳定，避免这样的情况再次发生。

## 第 19 节

# 麻烦不断王子

黄文强　傅一笑

### 案例故事

小孤今年 14 岁，是某中学初二的一名学生。小孤的母亲在小孤出生半年后出现了抑郁情绪，因而不能及时地回应和满足刚出生的小孤的需求。比如小孤哭了，母亲会呆呆地坐在床边，等小孤哭声很大时才会把他抱起来。后来，小孤的母亲被诊断为抑郁症，经过药物治疗，她的抑郁症状慢慢好转。小孤的家庭经济情况一直不好，父亲把更多的精力放在了挣钱上，母亲既要在外面工作挣钱，还要打理家务，所以对小孤要求很严格，时常要求小孤分担一些家务，小孤稍有调皮，做作业不认真或者做事拖延，就会受到母亲的打骂。母亲对小孤的大小需求也不怎么关注，还很少搭理小孤。由于生长在这样的环境中，小孤的性格较为内向，平时也很少跟父母交流沟通，这也让小孤养成了很不爱讲话的习惯。

在小学毕业前，小孤虽然性格内向，成绩一般，但在家里还是很听母亲的话，跟老师和同学的关系也较为融洽。小孤参加毕业考试后，就在家附近对口的一个初中就读。由于小孤既往的生活习惯，在跟新班级同学交往时，他很难表达自己的看法和感受，因此有些同学开始叫他“闷葫芦”。慢慢地，班上有几个男生觉得他好欺负，就开始用语言羞辱他。他们知道小孤反应慢，讲话慢，就故意在小孤面前加快语速，时常提一些奇怪的问题让小孤回答，让小孤十分难堪。同时，他们还主动孤立小孤，比如，中午吃饭的时候，几个同学故意不给小孤留位子，让小孤孤零零地去另外一张桌子，班上同学间发生了什么事，他们也不会和小孤分享。在被孤立后，小孤认为自己的语言能力确实不足，但他也认为自己没有错，所以他仍旧不爱表达，我行我素。最开始的时候，他会和老师说自己受欺负、被孤立的情况。不过因为这些同学羞辱小孤的行为不是特别过分，多数都是语言方面的羞辱，老师也就没有太重视，只是把这几个同学叫过去教育了一番。但是，老师这样的处理不但没有解决问题，反而让那些同学变本加历地欺负小孤。回到家中，小孤虽不情愿，但也和父母说了学校的事情。由于父母把更多的精力放在了如何维持家庭的生计上，又觉得这不算什么，让小孤坚强些，自己去面对克服。小孤的内心充满了孤独、绝望和愤怒。一次，小孤不小心踩到小区邻居家的狗，惨烈的狗叫声反而让小孤愤怒不安的情绪有了一定的缓解。就这样，小孤对动物的虐待就一发不可收拾，只要在上学路上或回家途中发现小动物，他都会狠狠踢上两脚，来发泄自己的不良情绪。随后，这个行为越加严重了，遇到小动物，小孤会一直打它们，直到打断它们的腿才会停止，以此让自己的情绪稳定下来。

有了虐待小动物的经历后，小孤开始采用打架的方式来表达对同学的不满，例如，只要有人在语言上挑逗他，他就拳脚相加，一定要把对方打到趴下求饶为止。小孤的行为慢慢在学校产生了一定影响，学校里的几个“小混混”开始跟小孤玩在了一起，他们开始拉帮结派，互相解决遇到的问题。一旦帮派的成员遭到欺负，小孤总会冲到前面，不计得失地去打架斗殴，经常搞得头破血流。小孤时常在学校打架斗殴的事迹引起了老师的关注，老师找小孤谈话，小孤就避重就轻地谈引发打架的原因，通过撒谎的方式把责任推给对方。老师也告知父母小孤打架斗殴的情况，要求父母对小孤进行教育和管理。按照相关

规定，学校给小孤记过处分，并且告知小孤及小孤父母，如果小孤不收敛自己的行为，就只能让小孤暂时休学。虽然父母对小孤的成绩没有过多的期待，但是小孤的行为让父母很吃惊，父母也从既往的不管不顾，转变成对小孤的询问指责。不过，这样的处理方式对小孤并没有任何作用，小孤在行为上依旧没有什么改变。随着时间的推移，小孤和他的几个朋友时常在校外鬼混不回家，他还经常威胁、恐吓同龄人甚至成年人，一旦对方冒犯了他，小孤要么损毁对方的物品，要么直接冲上去和对方打斗，直到把对方打倒才会收手。

同学们看到小孤变成这个样子，更不敢跟小孤走近了。小孤在班里时常一个人，他也时不时地逃课。老师们拿小孤没办法，觉得小孤就是麻烦不断的学生，父母对他也没有办法。

## 专家解析

如果未成年人在日常学习、生活中反复而持续地出现虐待动物、时常打架、恃强凌弱、恐吓威胁、对他人人身攻击，从而侵犯他人的权利或者破坏社会规则的现象，那么这就不是简单的儿童青少年叛逆或品格有问题，而可能是未成年人反社会品行障碍的表现。

反社会品行障碍是精神疾病的一种，它的形成与遗传因素，神经激素、神经递质等生物学因素，个体的成长经历，以及父母、学校、社区等环境因素有关。

对可能会患有反社会品行障碍的儿童青少年，家长需要尽早识别。如果孩子存在言语不当，时常虐待小动物，说谎，吸烟、酗酒、夜不归家、打架斗殴等问题，父母需要对孩子高度关注。

对于存在未成年人反社会品行障碍的儿童青少年，需要找医生规范药物治疗和心理治疗，并且要家庭、学校及自身等多方一起努力，才能帮助他们全面恢复。

## 专家支招

### ▶ 对于小孤

对自己有全面客观的认识，遇到困难，如果可以开放地跟父母、老师沟通，是可以战胜困难的。在遇到诱发不良行为的情况时，首先要认识到问题情境，运用自我陈述，使用言语方式来减少冲动行为。在情绪较为稳定时，多思考可以解决问题的办法，并评估不同行为可能带来的后果，同时参考他人的观点。在平时的生活中，多做一些自己喜欢的事情，结交一些相互信任认可的朋友，适当锻炼，让自己获得积极的情绪。寻找可以合理表达负面情绪的方式，不要一直把负面情绪藏在心里，遇到开心的事也要表达正向情绪。在自己力所能及的情况下，帮助一些需要帮助的人，做善意的行为，体会到助人的幸福感。

▶ **对于家长**

了解未成年人反社会品行障碍的前期特点及临床表现，做到早期识别。了解这类问题常见的治疗方式，即药物治疗、心理治疗、家庭及社会环境的调整。在跟孩子交往的过程中，需要改善亲子互动，了解孩子在言语能力上相对差一些，而行动能力较强；一旦孩子表达需求，只要不违背底线，应及时满足孩子；多发现孩子在学习、生活中的优点，并给予表扬、鼓励；跟孩子讨论何时和如何提出要求及期望，促进孩子形成亲社会行为；使用非强制性的方法，让孩子学会延时满足，遵守各项规则、纪律。

### ▶ 对于学校

了解孩子的不良行为不仅是品格问题，对于有反社会品行障碍倾向的儿童青少年，学校及老师要及时跟孩子沟通交流，理解孩子的难处，根据实际情况降低对孩子的学业及行为的要求。及时觉察孩子在学习及人际交往上的困难，通过学校及老师的努力，让孩子融入到班集体中。同时，要第一时间把孩子的相应情况告知父母。

# 第 20 节
# 寄人篱下的灰姑娘

曹媛媛

## 案例故事

小小还在嗷嗷待哺时，她的爸爸妈妈就离婚了，小小最后跟了妈妈。妈妈为了抚养小小长大，决定去外地打工，只得把小小留给姥姥抚养。在小小 4 岁的时候，舅妈生了个小妹妹，妹妹 1 岁时，舅妈因为要出去上班，姥姥便到舅舅家里帮忙带小妹妹，小小就被送到了奶奶家。奶奶原本就带着姑姑和叔叔家的三个孩子，对于小小的到来，她表现出极大的反感。奶奶对小小特别不好，常常骂她，在她和其他三个孩子闹矛盾的时候，奶奶常常会说："你妈和你姥姥都不要你了，你要是不听话，我也不要你了。"奶奶也会抱怨："本来带他们三个就已经够辛苦了，还要照顾你。"寄人篱下的处境，加上奶奶那不可撼动的"威严"，小小年纪的她更"懂事"了。每次妈妈打电话时，小小都会告诉妈妈自己很好，奶奶对自己也很好。到了上小学

的年纪，为了让小小接受好一点的教育，小小又被重新安排到了姥姥身边，和姥姥一起在舅舅家生活、上学。重新回到姥姥身边的小小常常帮着姥姥照顾妹妹；吃饭的时候帮着摆放碗筷，帮全家人盛饭；舅舅下班的时候会给舅舅拿拖鞋，帮舅舅放包；舅妈不喜欢家里的玩具丢得满地，小小就会在舅妈下班前把客

厅整理好；妹妹常常会抢小小的玩具，可不管什么时候，小小总会满脸笑意地把玩具递给妹妹。一次，妹妹要折纸，需要用剪刀剪下折纸。小小拿剪刀的时候被姥姥看到，姥姥马上不分青红皂白地责骂小小，甚至动手打了小小，还对小小吼道："你把剪刀给妹妹多危险，你怎么这么不懂事，你要是再这样，我还把你送到你奶奶家去。"小小只是小声地啜泣了几声，然后躲在妹妹找不到的角落把折纸剪好，擦干泪水，笑嘻嘻地把剪好的折纸送给妹妹。一次期末考试前，舅舅问小小计划考多少分，小小说考 100 分。考试成绩出来了，小小的语文、数学分别考了 95 分和 96 分。舅舅打了小小的手心，说她不好好学习，也对不起在外辛苦打工的妈妈，也对不起天天照顾她的姥姥、舅舅和舅妈。小小挨过打后，也只是一个人默默躲在房间抹眼泪。周末的时候，妈妈难得打来电话，小小很想和妈妈聊聊天，可妈妈一直问小小："最近考试了吗？考得怎么样？考了多少分？班上第几名？"小小告诉妈妈之后，妈妈又说："要好好学习，要争取考 100 分，要听姥姥、舅舅和舅妈的话，别和妹妹争执，让着点妹妹，妹妹还小……"然后就匆匆挂断了电话。

## 专家解析

讨好型人格是指一味地讨好他人而忽视自己感受的人格，是一种潜在的不健康的行为模式，而非人格障碍。讨好型人格最大的特点就是掩盖自己的情绪，非常害怕起冲突，所以他（她）们会压抑自我的需求，一方面是害怕被拒绝，另一方面则是源于对失败的恐惧。

讨好型人格的形成有着各种各样的原因：家庭教育、学校教育、时代因素等，其中主要的原因是童年创伤，在原生家庭中缺乏无条件的爱。父母或养育者对其的爱都是有条件的，只有满足父母或养育者的要求，才能得到关爱和赞赏，否则就会被否定、批判甚至打骂。

讨好型人格的典型表现：对别人的要求唯命是从，从不提出异议；善于察言观色，易被他人情绪所控制；敏感、胆小、自卑、过分乖巧；没有主见，缺乏原则和底线。

讨好型人格的孩子内心过度敏感脆弱，自我边界模糊，总是想当然以为别人和他（她）们一样没有边界，造成一方面他（她）们会因为能够轻易打破人与人之间的交流界限而容易和一些人变得比较亲密，另一方面又会因为得不到别人更多的回报和关注而痛苦。此外，讨好型人格的人容易产生负面情绪，如难过、羡慕或嫉妒，因而经常“留一手”，不敢表露自己。

幼儿期不仅是生长发育的关键时期，也是情感发展的重要时期，是孩子建立良好稳固依恋关系的阶段。案例故事中的小小自小父母离异，没有与父母建立良好的亲子关系，照顾者时常在变化，让小小缺乏安全感。奶奶和姥姥对小小的嫌弃和打骂让小小慢慢变得小心翼翼。为了让自己能够有安身立命之所，不至于流落街头，小小学会了乖巧、听话、优秀。为了不让奶奶和姥姥认为她是累赘而把她赶出去，小小学会了隐藏自己的情绪，去讨好每一位照顾者。

## 专家支招

### ▶ 对于小小

主动向大人表达自己的想法和需求；明确地告诉大人当他们说什么话的时候自己是很害怕、很难过的，请大人注意自己说话的方式；勇敢地拒绝别人不合理的要求，当和妹妹发生冲突的时候勇敢向大人陈述事实；向妈妈寻求帮助，跟妈妈确认“无论怎么样自己都是安全的，被爱的”；当遇到困难的时候勇敢向大人寻求帮助。

### ▶ 对于家长

尊重孩子的意愿和选择，给孩子无条件的爱，多放权给孩子；平等对待每一个孩子；耐心倾听孩子的诉求，鼓励和欣赏孩子，及时肯定孩子的进步；接纳孩子的不完美，不过分苛求孩子懂事、乖巧；帮助小小建立原则和底线意识，引导并鼓励她学会表达自己内心想法，制定一定的争议处理原则，让小小和妹妹独立解决小的争端。

## 参考文献：

[1] 章星琪 . 拔毛癖的临床诊治进展 [J]. 皮肤性病诊疗学杂志，2013，20（2）：140-142.

[2] 朱早晨，刘丽华，杨铖，等 . 行为成瘾研究现状与进展 [J]. 中国药物滥用防治杂志，2016，22（6）：368-372.

**图书在版编目（CIP）数据**

未成年人行为问题：专家解析与支招 / 傅一笑主编
. -- 重庆：重庆大学出版社，2023.6
（未成年人心理健康丛书）
ISBN 978-7-5689-3825-9

Ⅰ. ①未… Ⅱ. ①傅… Ⅲ. ①青少年—不良行为—健康教育 Ⅳ. ①B844.2

中国国家版本馆CIP数据核字（2023）第059554号

## 未成年人行为问题：专家解析与支招

WEICHENGNIANREN XINGWEI WENTI：ZHUANJIA JIEXI YU ZHIZHAO

主　编　傅一笑
副主编　杨　辉　　陈　勤

丛书策划：敬　京
责任编辑：敬　京　　版式设计：原豆文化
责任校对：邹　忌　　责任印制：赵　晟
*
重庆大学出版社出版发行
出版人：饶帮华
社址：重庆市沙坪坝区大学城西路 21 号
邮编：401331
电话：（023）88617190　88617185（中小学）
传真：（023）88617186　88617166
网址：http://www.cqup.com.cn
邮箱：fxk@cqup.com.cn（营销中心）
全国新华书店经销
重庆升光电力印务有限公司印刷
*
开本：880mm×1230mm　1/32　印张：6.125　字数：107 千　插页：20 开 1 页
2023 年 6 月第 1 版　2023 年 6 月第 1 次印刷
ISBN 978-7-5689-3825-9　定价：45.00 元